서양과학은 없다
탈식민주의 과학기술학의 도전

서양과학은 없다

탈식민주의 과학기술학의 도전

워릭 앤더슨 지음
이종식 엮고 옮김

일러두기

이 책은 지은이가 쓴 6편의 글을
편역자가 엮고 우리말로 옮긴 것이다.
원문의 서지사항은 각 꼭지의 앞부분에
실려 있다.

원문에서 이탤릭체로 강조한 곳은
고딕으로 표시했다.

목차

한국어판 서문 ——————————— 7

1 탈식민주의 테크노사이언스 ————— 17
2 예속된 지식에서 병합된 주체들로 ———— 49
3 과학기술학의 방법으로서의 아시아 ———— 81
4 서구과학의 확산을 기억하며 ————— 101
5 트랜스지역주의를 두텁게 하기 ————— 141
6 동아시아 특색의 STS? ———————— 173

역자 해제 ——————————————— 189
주(註) ———————————————— 215

한국어판 서문

탈식민주의란 무엇인가?
과학, 의학, 기술을 다르게 보기

한동안 나는 오늘날 우리 모두가 탈식민주의적이라고 말해 왔다. 특정 식민주의 통치 체제를 벗어났다는 의미가 아니라(비록 형식적으로 우리 중 일부는 그랬을 수도 있겠지만), 불평등과 차별의 식민주의적 구조가 오늘날의 생활 속에서는 더 이상 비가시화되거나 감춰지지 않는다는 의미에서 그렇게 말해 왔다. 우리는 더 이상 그러한 식민주의적 관계를 당연시하지 않는다. 오히려 어떤 식민주의적 패권이 지속되거나 새롭게 떠오를 때, 식민주의적 전제들과 구별짓기들—
시간적으로, 공간적으로, 혹은 경험적으로

표현되는—이 끈질기게 혹은 새로이 어떤 영향력을 발휘할 때, 이를 이해하고 비판할 가능성은 더 커졌다. 우리는 근대와 원시, 문화와 자연, 문명과 야만, 지배와 순종, 혁신과 모방 등 식민주의적 가치가 적재된 이분법들을 인식하고 탐구할 능력을 갖췄다. 우리는 이제 "식민주의"를 단순히 국가권력이 타자에 대해 공식적으로 행사하는 정치적 힘으로만 인식하지 않는다. 오히려 식민주의는 더 광범위하고 교묘한 어떤 것이다. 식민주의는 우리의 마음을 잠식해 들어오는 하나의 느낌의 구조다. 일련의 전제들이다. 감정의 교육이다. 권위의 전략이다. 따라서 탈식민주의의 "포스트post"는 "이후after"를 의미하지 않는다. 오히려 과거 역사에 관한 것이든 보다 현재적인 것이든, 유럽이든 아시아든, 태평양이든, 혹은 그 어디든 상관없이, 불평등한 권력과 권위의 식민주의적 뭉텅이들을 비판적으로 검토하고 그 너머를 사유함을 뜻한다.

지난 30여 년 동안 우리는 과학기술학 분야에서도 이러한 식민주의적 구별짓기들 가운데 여럿을 가시화하여 노골적으로 드러낼 수 있었다. 따라서 이 책에 묶인 글들—언어를 막론하고 최초로 한데 모아 출판된—은 지금 우리가 탈식민주의 STS라고 부르고 있는 것을 향한 지난한 길을 추적한다.

 1980년대에 과학, 기술, 의학의 식민주의적 전제와 구조를 비판적으로 검토하기란 상상하기 어려웠다. 그러나 1990년대에 이르러 냉전의 종식, 전 세계적인 장벽들의 붕괴, 그리고 다양성과 포용성에 대한 점진적(비록 부분적이고 일시적이었지만) 긍정이 확산되면서, 우리 가운데 몇몇이 선구적인 분석을 제출하기 시작했다. 이들은 어떻게 주로 백인 남성들이 과학, 의학, 기술을 권위적이고 신뢰할 만한 것으로 평가해 왔는지, 그러므로 과학, 의학, 기술을 세계화, 심지어 보편화해야 한다고 여겼는지, 이러한 생각들에 내재된 식민주의적 면모가 얼마나 다층적이고 복잡한지 설명하고자 했다. 이러한 식민주의적 우월함에 관한 환상을 반박하거나 적어도 복잡하게 만들면서, 선구적인 탈식민주의 비평가들은 대단히 이질적이고 다채로우며 온갖 것들로 뒤섞인 세계에 대해 이야기했다.

 나 자신의 경우, 모든 종류의 과학(토착 과학도 포함하여)에 페미니즘 입장 이론$_{\text{standpoint theory}}^{\text{feminist}}$을 적용한 샌드라 하딩$_{\text{Harding}}^{\text{Sandra}}$의 획기적인 연구와, 욜릉구^{Yolngu}

원주민들의 지식과 호주 백인들의 과학적 실천 간의 상호작용을 고찰한 헬렌 왓슨 베런(Helen Watson Verran)의 연구를 읽고 있었다. 멜버른에서는 그렉 데닝(Greg Dening), 패트릭 울프(Patrick Wolfe) 같은 태평양 및 오스트랄라시아 지역을 연구하는 인류학적 성향을 가진 역사학자들, 그리고 당시 호주에서 남아시아 서발턴 연구를 대표했던 디페시 차크라바르티(Dipesh Chakrabarty)와 교류했다. 펜실베이니아 대학교에서는 탈식민주의 이론가 호미 바바(Homi K. Bhabha)와 함께 수업을 들었고, 1년간 인류학자 아르준 아파두라이(Arjun Appadurai)의 "민족사(ethnohistory)" 펠로우로 활동했다. 대학원생 시절 우리는 에드워드 사이드의 『오리엔탈리즘』, 프란츠 파농의 제국주의적 폭력과 저항에 관한 연구, 미셸 푸코의 생명정치론, 그리고 인류학자이자 역사학자인 앤 스톨러(Ann Laura Stoler)가 동남아시아 식민주의 통치성의 은밀한 측면을 재해석하기 위해 기울인 용감하고 고무적인 노력을 열렬히 따라갔다. 필리핀의 미국 식민주의 의학을 연구하며, 나는 비센테 라파엘(Vicente Rafael)과 레이날도 일레토(Reynaldo Ileto)를 비롯한 탈식민주의적 필리핀사 연구자들로부터 배움을 얻었다. 어느 시점에선가 나의 박사논문 지도교수 찰스 로젠버그(Charles E. Rosenberg)가 말했다.

"자네도 알다시피, 어떤 면에서 신체에 대해 모든 의학은 식민주의적이라네." 이 말은 아마도 무엇보다도 내 의식 속에서 식민주의라는 뒤켠backbox을 열어젖혀 주었고, 식민주의를 일종의 임상 검사대처럼 재구성하도록 했다.[1]

이러한 영향의 대부분은 이 책을 읽는 독자들에게 명백할 것이다. 다양한 스타일과 상이한 정도로 나의 선언적 글들은 페미니즘 입장 이론, 탈식민주의 연구, 문화인류학, 비판적 인종 이론의 흔적을 견지함으로써, 과학기술학 내에서 독특한 비판의 토대를 마련했다. 여기서 "비판적critical"이라는 단어는 허투루 쓰인 것이 아니다. 브루노 라투르Bruno Latour와 도나 해러웨이Donna Haraway와 마찬가지로, 나 또한 비판이라는 것이 그저 허위를 폭로하거나 반박하는 데 그치지 않는다고 본다. 오히려 탈식민주의적 비판은 서로 다른 요소들과 구성물들을 함께 모으며, 더 정교하고 복잡하며 현실적인 지적 실천의 집합들assemblages을 구축한다. 나는 이런 종류의 비판을 옹호한다.[2] 이런 맥락에서 가장 비판적인 차원의 탈식민주의 과학학이란 이브 코소프스키 세지윅Eve Kosofsky Sedgwick이 말한 것처럼 어떤 대상에 대한 편집증적 독해가 아니라 우리가 처한 상황을

잠재적으로 치유하는reparative 독해를 대표한다고 오랫동안 믿어 왔다.³

　이 서문이 본 편역서의 주장과 테마를 재론할 자리는 아니지만, 시작부터 이 글들을 관통하는 긴장을 지적해야 할 것 같다. 거의 30년 전, 나는 과학, 기술, 의학에 대한 탈식민주의적 접근법들—이질성, 혼종성, 다양하고 우연적인 집합들을 강조하는 접근법들—과 오늘날 종종 비식민주의적decolonial이라고 지칭되는 접근법들—서로 다른 자생적autochthonous 차이, 심지어 지식 체계들 사이의 넘을 수 없는 괴리나 통약불가능성incommensurability을 강조하는 접근법들— 사이의 잠재적 대립, 혹은 불균형, 또는 긴장감을 감지했다. 물론 대부분의 이분법적 구분이 그러하듯, 이 두 접근법이 실제로 발현되는 변증법은 더욱 복잡하고 모호하다. 그럼에도 "탈식민주의"는 종종 경계 공간border spaces을 가로지르는 격렬한 흐름들flows과 예상치 못한 투과성들permeabilities의 포스트구조주의적 지형과 더 잘 부합하는 반면, "비식민주의"는 지식 체계들 사이의 명확한 구획, 잘 정의된 전선frontier이나 단절을 가정하는 경향이 있다. 탈식민주의적 비판은 일반적으로 제국주의의 맥락에서 출발하여 식민주의적 착취와 추출extractions을 분석하고, 헤게모니를 향한 식민주의적 망상을 부인하며, 상상된 중심에서 주변부로 문명이 확산된다는 식민주의적 몽상을 비판해 왔다. 반면 비식민주의 과학학은 주로 원주민적Indigenous 지식과 실천을 인정하고 긍정하는 데, 정착민 식민주의settler colonialism의 논리가 그토록 절멸시키려 했음에도 불구하고 이러한 지식과 실천이 끈질기게 생존하고 번영했음에 관심을 기울여 왔다. 간단히 말해, 과학기술학에서의 탈식민주의적 접근들은 공통적으로 소위 주류적인 순수 서양 과학 내부에 존재하는 빙재론憑在論, hauntology, 유령성spectrality, 또는 귀신성ghostliness을 가리킨다. 반면 비식민주의적 접근들은 대안적인 존재론ontology을 드러내며, 특정한 지식이 다른 지식보다 더 권위 있다는 주장을 불안정화한다. 이 책에서 내가 주장하듯, 이러한 단순한 이분법조차도 지나치게 조잡한 구분이기는 하지만 말이다.[4]

이 편역서에서 내가 어느 한 접근법을 선호하지 않은 채 양자 사이에서 흔들리고 있는 것처럼 보일 수 있다.[5] 내 성향은 일종의 반식민주의적anticolonial 탐구들의 모자이크에 가깝다. 탈식민주의적 접근법과 비식민주의적 접근법은 서로 다른 상황에서 각기 다른 정치를 수행할 수 있다. 이는 종종 특정한 하나의 상황에 몰입하여 다른 상황들을 인식하지 못하는 비평가들에게는 실망감을 자아내기도 한다. 예컨대 정착민 식민지 호주에서 욜릉구 지식을 본질화하려는 주장의 전략적 가치를 수용하는 것은 인도에서 힌두 존재론을 지지하는 것과는 구별되는 정치적 기능을 발휘한다. 두 사례 모두 "비식민주의적"이라고 간주될 수 있지만, 하나는 국가의 침투와 지배를 거부하는 반면, 다른 하나는 대안적 근대성을 담지한다며 스스로를 추잡스레 치장한다. 즉, 모든 상황에 적합한 보편적인 탈식민주의 혹은 비식민주의 접근법이란 없다. 단 하나의 올바른 실천 방식도 없다. 비판은 맥락화되어야 하고, 유연해야 하며, 시간의 경과와 더불어 변해야 한다. 우리에게 필요한 것은 풍성하고 복잡다단한 탈식민주의 연구들의 생태계다.

과학기술학의 방법으로서의 아시아에 관해 글을 쓰면서, 나는 중국 본질주의의 위협을 미연에 방지하고, 과학의 위대함을 둘러싼 유럽의 망상을 단순히 대안적 한족 존재론$^{Han\ ontology}$으로 대체하는 위험을 문제 삼고자 했다. 과연 STS에 아시아적 이론이 존재하는지에 대한 논쟁—타이완에 기반을 둔 학술지 『EASTS』에서 이루어진—이 이 문제에 대해 글을 쓰게 된 계기였다. 글쓰기의 기교라는 차원에서 나는 표준적인 유럽 및 북미 STS 이론가를 전혀 언급하지 않고 이 방법론 논문을 쓰기로 작정했다. 나의 주장은 STS 분야에서 동남아시아와 태평양까지 포괄하는 이질적이고 분산된 동아시아가 고정된 문명이나 특정한 헤게모니 문화의 경계를 넘어 그와 더불어 사유하기에 좋고, 그로부터 사유하기에 좋은 시공간이라는 것이다. 그렇다면 여기서의 아시아란 자명한 문화적 가치로서의 단일한 아시아가 아니라, 방법으로서의 다중적 아시아들이다. 즉, 경계가 명확한 하나의 아시아 존재론이 아니라, 분열되고 비결정적이며 탈영토화된 아시아를 말하고 있는 것이다. 탈식민주의적 아시아들이다.[6]

여기에 더해, 나는 타이완이 아시아를 STS의 방법으로 삼아 **탈식민주의적** 사유를 전개하기에 특히 적합한 장소임을 강조했다. 지리적으로 변방이면서도 여러 차례 여러 제국에 의해 식민지화되었고, 여러 잠재적 패권 세력들과 끊임없이 협상해 왔으며, 제2차 세계대전과 냉전의 트라우마를 겪었고, 원주민의 존속을 인정하며, 정치적으로 혼종적이고 모호한 데다, 과학기술 분야에서 혁신과 모방을 모두 보여주고 있는 타이완은 탈식민주의 과학학의 교차로에 위치한다. 아마도 한국 또한 마찬가지일 것이다.

이 글들을 다시 살펴보며, 과학, 의학, 기술에 대한 탈식민주의적 연구가 항상 밀도 높은 협업의 산물이었음을 새삼 깨닫게 된다. 그런 의미에서 윤리적 프로젝트이기도 하다. 이러한 연구는 다른 학자 및 활동가들과의 장기적 대화의 산물이며, 공동 집필과 풍부한 연구적 연계의 성과이자, 박사 후 연구원 및 대학원생들과의 토론의 결과이며, 여러 심포지엄과 인터뷰에서 제기된 창발적인 질문들의 귀결이다.[7] 무엇보다도 동아시아, 동남아시아, 오스트랄라시아, 태평양 지역의 동료들과의 협력을 집대성한 결실이라 할 수 있을 것이다.

2025년 10월
시드니에서
워릭 앤더슨

Warwick Anderson, "Postcolonial Technoscience," *Social Studies of Science* 32 (2002): 643-58.

1 탈식민주의 테크노사이언스

"탈식민주의 테크노사이언스"라는 제목은 질문을 유도하기 위해 의도적으로 붙여진 모호한 제목이다. "도대체 무슨 뜻인가?" 너무 자주 "탈식민주의"는 그저 또 하나의 세계 이론, 혹은 단순히 식민주의의 종식에 대한 찬미에 불과한 것으로 여겨진다.[1] 그러나 탈식민주의는 새로운 분석과 새로운 비판을 요하는 오늘날의 어떠한 현상을 가리키는 일종의 표지판일 수도 있다. 상대적으로 폐쇄적인 과학계를 상정하고 민족국가를 기본 전제로 하는 옛 스타일의 과학학$_{\text{studies}}^{\text{science}}$은 오늘날 부상하고 있는 세계 질서를 특징짓는 정체성들, 기술들, 문화적 형태들의 공동생산 co-production을 제대로 설명하지 못하고 있는 것처럼 보인다. 탈식민주의적 관점은 자본주의와 과학을 둘러싼 정치경제학적 변화, 전 지구적인 것과 지역적인 것의 상호 재편, 사람들과 실천들과 기술들의 트랜스내셔널한 이동, 그리고 "지식재산권"을 둘러싼 최근의 분쟁들을 새롭게 연구할 방법들을 제공한다.[2] 즉, "탈식민주의"라는 용어는 테크노사이언스의 새로운 모습뿐만 아니라, 그것을 분석하기 위한 비판적 방법론 모두와 관련이 있다. 우리는 과학학과 탈식민주의 연구를 긴밀하게 연계함으로써, 다른 방식으로 테크노사이언스를 질문에 붙일 수 있게 되기를, 더 이질적인 자원들을 찾을 수 있기를, 전 지구적이거나 또는 보편주의적 주장들을 가능케 할지도 모를 지역적 상호작용들의 패턴들을 보다 전면적으로 밝혀낼 수 있기를 희망한다.

이번 『과학에 관한 사회적 연구*Social Studies of Science*』 특집호는 탈식민주의 연구가 과학학에 무엇을 줄 수 있는지 더 심층적으로 살펴보고자 한다. 가장 기본적으로 탈식민주의적 관점은 식민 본국과 식민지를 동일한 "분석 프레임"으로 연구함을 의미한다.[3] 그러나 우리는 분석의 대칭성과 포용성을 넘어, 식민주의의 종식 이후 "보편적" 이성을 지방화하는 과정에, "대안적 근대성들"을 상상하는

과정에, 그리고 국경지대나 중간지대의 여러 조건들을
망라하는 혼종성들^{hybridities}을 인식하는 과정에
테크노사이언스가 어떻게 연루되었는지 이해하고자
한다. 더 나아가 우리는 지금까지 주로 문학적
표상들에 국한되어 있었던, 따라서 신식민주의적
조우들^{neocolonial encounters}의 물질성과 구체성을 삭제하는 "텍스트
본위주의^{textualism}"에 빠져 있었던 탈식민주의 비평에
대해서과학기술학이 많은 것을 제공할 수 있다고
주장할 것이다.[4]

    탈식민주의 과학기술학은 "현재의 역사"를
쓰기 위한, 지식과 실천의 전 지구적 순환을 둘러싼
오늘날의 혼란과 불확실성을 받아들이고 이해하기
위한 하나의 수단이다. 스테이시 픽의 말처럼, "이제
우리는 어떻게 과학과 기술이 어떠한 문화권에 속하고
다른 문화권에는 속하지 않는지 여부뿐만이 아니라,
어떻게 이동하는지에 대해서도 더 많은 것을 알아낼
필요가 있다."[5] 아델 클라크와 그의 동료들은 다음과
같이 말했다.

    생산품, 서비스, 지식, 정보 및 새로운 형태의
    노동이 따라 이동하는 골격 혹은 네트워크를

특정하고 분석하기 위한 연구가 필요하며, 그러한 이동의 시작점과 종착점에 존재하는 사회적, 문화적, 젠더/인종적, 경제적 조건들을 함께 살펴보아야 한다.[6]

스튜어트 홀은 탈식민주의 연구가 "지난날의 민족국가 중심적이고 제국주의적인 거대 서사들을 탈중심적, 디아스포라적, 혹은 "전 지구적"으로 다시 쓰는 작업"을 가능케 했다고 주장했다. 이는 곧 "세계화라는 프레임 속에서 근대성 Modernity을 새롭게 바라보는" 작업이기도 했다.[7]

중요한 것은 "탈식민주의"가 식민주의의 종언을 의미하지 않는다는 점이다. 오히려 그것은 과거 수 세기 동안의 "유럽의 팽창"이 옛 식민지와 그 모국에 미치고 있는 현재적 영향들—지적이고 사회적인—을 비판적으로 검토하겠다는 것이다. 그러므로 탈식민주의적 분석은 소위 "전 지구적" 테크노사이언스에 관한 종래의 설명을 재조명할 기회를, 식민주의적 체제 하에서 생산된 이래 아직까지 테크노사이언스의 실행과 헤게모니를 뒷받침하고 있는 일련의 이분법들을 드러내고 재고할 기회를 제공한다.

이러한 이분법들은 전 지구적/지역적, 제1세계/
제3세계, 서구적/원주민적, 근대적/전통적, 선진국/
저개발국, 거대한 규모의 과학/작은 규모의 과학,
핵/비핵, 심지어 이론/실천 등의 이름으로 여전히
작동하고 있다. "혼종성과 불순성으로 점철된 복잡한
변경지대border"에 주목할 때, 우리는 테크노사이언스의
작동과 더불어 어떻게 차이에 관한 사유들—인종적
차이(백인과 /비백인 혹은 계몽된 인종/미개한 인종),
시간적 차이(근대/전통), 계급적 차이(엘리트/
서발턴)—이 만들어지고 또 재고되는지 더 잘 이해할
수 있을 것이다.[8] 탈식민주의적 관점은 어떻게 과학과
기술이 지역적 정체성과 전 지구적 정체성을
만들어내고 연결시키는 장소가 되는지, 전 지구적인
것과 지역적인 것 사이의 구분을 흐트러뜨리고
위태롭게 하는 장소가 되는지 보여줄 것이다.

특히, 우리 가운데 누군가는 "이동movements이
이론을 촉발한다"라고 믿고 싶어하는 것 같다.[9]
탈식민주의 과학기술학을 상상하려는 노력은
부분적으로 기업이 주도하는 세계화, 심화되는 과학의
상업화, 지적재산권의 독점적 유통에 대한 우려에서
기인한다. 이러한 트랜스내셔널한 과정들을 어떻게

이해하고 비판할 수 있을 것인가? 로디 리드와 샤론 트라윅이 지적한 바와 같이, 우리의 목표는 "우리가 살아가는 현재의 순간을 심각하게 받아들이는 것, 점점 더 세계화되는 경제와 문화 속에서 시민으로서 지적으로, 윤리적으로 이 순간에 대응하기 위한 다양한 방식들을 실천하고 실험하는 것"이다.[10] 아시스 난디는 다음과 같이 말했다. "전 지구적 문명의 미래를 상상하기 전에 (…) 먼저 우리는 오늘날 전 지구적 문명의 가장자리들을 만들어낸 책임부터 따지고 넘어가야 한다. 그것이 새롭고 다원적이고 정치적인 지식 생태계를 구상하기 위한 마땅한 순서일 것이다."[11] 아마도 우리가 제시하는 탈식민주의 과학기술학은 이처럼 "지역적"인 것과 "전 지구적"인 것을 재편하는 과정에 수반되는 정체성들과 실천들의 재정립을 논의할 수 있게 해주는 어휘들을 제공하는 데에 도움이 될 수 있을 것이다. 더욱이 탈식민주의 과학기술학은 기존 지역 문화들과 신흥 정치경제들을 동일한 척도에서 평가하기 위한 방법들을 제안한다.

1994년 샌드라 하딩은 "서구에서 발원한 과학과 과학학을 새로운 탈식민주의 연구에 의해 만들어진 더 정확한 역사적 지도 위로 이동시키자"라고 제안한 바 있다.[12] 하딩이 인정했듯, 인도, 필리핀, 그리고 소위 "제3세계"라고 불렸던 여타 지역의 학자들은 이미 수년 전부터 이러한 작업을 해오고 있었지만, 그들의 연구는 하딩이 관심을 촉구하기 전까지 유럽과 북미의 과학학자들에게 거의 알려지지 못한 상황이었다. 1990년대에 펼쳐진 "유럽을 지방화"하려는 이러한 노력은 여러 학문 분과에서 호응을 얻었다.[13] 그러나 유독 과학학에서만큼은 그렇지 못했는데, 이는 아마도 이 분야가 보편화된 유럽적 이성에 끈질기게 집착했기 때문이었던 것으로 생각된다. 여기서 우리는 추상적인 탈식민주의 이론이나 지나치게 많은 것들을 망라하는 설명 모델로부터 벗어나 몇 가지 구체적인 사례연구들을 보여주고자 한다. 이러한 연구들은 이른바 전 지구적인 표상들representations과 실천들을 구체적인 조건 속에서 생각할 수 있게 해주며, 헬렌 베런Helen Verran의 표현을 따르자면, 전 지구적 일반화를 가능케 하는 혼종적인 상호작용들이 일어나는 여러 지역들을 노출시킨다. 우리는 이 사례연구들이 탈식민주의 연구를 "구체화materializing"하는 데에, 과학기술학을 탈식민주의적으로 흐트러트리고 심지어 더럽히는 데에 기여하기를 희망한다.

탈식민주의적인 것이란 무엇인가?

지난 50년 동안 다양한 모습으로 전개된 "탈식민주의"는 생산적인 모호함을 담지한 지적 공간이었다. 그것은 어떠한 시기(식민주의의 시대 이후), 어떠한 장소(식민주의가 존재했던 곳), 식민주의의 유산에 대한 비판, 신생 독립 국가에 대한 이데올로기적 뒷받침, 서구의 지식이 식민주의와 공모했음을 폭로하는 것, 혹은 식민주의적 활동들이 서구의 사상과 실천에 깊이 내재되어 있는 양면성과 불안과 불안정성을 드러낸다는 주장 등을 의미할 수 있다. 이토록 복잡한 지적 흐름을 지나치게 단순화하는 위험을 무릅쓴다면, 이를 식민주의 비평colonial critique, 탈식민주의 이론postcolonial theory, 근대성의 역사인류학historical anthropology of modernity 으로 구분해보는 것이 도움이 될 수 있다.[14]

이러한 전체 흐름의 일부라고 할 수 있는 "식민주의 비평"은 하나의 공인된 문학 장르이자 정치운동으로서, 제국의 중심부 출신 작가들에 의해 처음 시작되었고, 이후에는 식민지 혹은 식민지 이후의 환경 속에서 배출된 학자들과 활동가들에 의해 더욱 활발하게 전개되었다.[15] 주로 마르크스주의로부터 영감을 받아 1980년대 초부터 광범위한 학술적 관심을 받기 시작한 식민주의 비평은 (식민주의 또는 신식민주의 하에서) 지역의 목소리나 원주민들의 목소리가 어떻게 억압되는지 검토했으며, 이들의 자생적인 문학과 역사와 실천을 복원하거나 재발명하려 했다.[16] 여기서 식민주의 비평의 효과 중 하나는 문학이라는 범주 자체가 확대되어 옛 식민지 출신 작가들의 글쓰기가 포함될 수 있게 되었다는 점이었다. 또한 문학 연구에도 사회학, 인류학, 역사학의 일부 기법들이 필요하다는 점이 두루 인정되는 계기가 되었다. 이러한 문학 분야에서의 흐름과 유사한 노력이 과학사 및 의학사 분야에서도 확인된다. 제대로 된 제3세계 과학기술사를 서술하려는 디팩 쿠마르 같은 연구자들의 작업은 "과학"과 "기술"이라는 범주를 확장시켰으며, 민족주의적인 역사서술 속에도 여전히 암묵적으로 내재되어 있는 식민주의적 권력관계를 비판하는 경향을 대표한다.[17]

많은 사람들이 에드워드 사이드(Edward Said)의 『오리엔탈리즘』(1978)이 탈식민주의 이론의 시작을 알리는 저작이라고 생각하지만, 프란츠 파농의 초기 작업, 특히 『검은 피부, 하얀 가면』(1952)이 그 기원이라고 주장하는 사람들도 적지 않다.[18] 이 책에서 파농은 정신분석학을 식민주의 분석에 적용하여 피억압자들의 전형적인 성격 유형을 정치화했다.[19] 파농은 식민주의적 실천들—여기에는 의학도 포함된다—을 통해 생산된 불안정한 마니교적 이분법들이 어떻게 식민 침략자와 억압자의 정체성 및 양자 간의 관계성을 형성했는지 묘사한다. 한편, 에드워드 사이드는 미셸 푸코(Michel Foucault)의 담론 개념을 활용하여 문화적으로 구성된 오리엔탈리즘이 식민주의적 의식과 물질적 실천에 미치는 영향을 파헤쳤다. 객관적인 것처럼 보이는 서구의 지식은 식민주의적 권력관계의 작동에 연루되어 있었으며, 서구의 교육기관은 부지불식간에 식민지 행정과 공모관계에 놓여 있었다. 그러나 호미 바바를 필두로 한 일군의 학자들은 사이드가 식민주의적 담론의 헤게모니를 너무 쉽게 확신했다고 비판했다. 바바는 파농주의적 사회분석에 입각하여 식민주의 문학 텍스트들을 해체함으로써 서구 담론에 내재된 불안정성과 양가성을 노출시켰다. 겉보기에는 그토록 권위적인 것처럼 보였던 서구의 담론은 기실 거부감과

욕망 사이의 애매모호함을, 식민주의적 환경에서
발생했던 문화 접촉과 모방적 수행mimetic performance 가운데
두드러졌던 양가성 혹은 혼종성을 감추고 있었다.[20]
식민주의적 담론의 헤게모니라는 사이드의 전제에
대해 비판적이었던 또 다른 학자인 가야트리 스피박은
식민주의를 내적으로 불안정화하기보다 그때까지
인식되지 못했던 대안적인 지역 지식들의 존속을
강조했다. 경우에 따라 식민주의에 의해 침묵이 강요된
사람들에게 목소리를 돌려줌으로써 이러한 지역
지식들이 회복될 수도 있었다. 스피박은 식민주의적
담론과 학술적 실천에 의해 생산된 배제, 즉 "인식론적
폭력epistemic violence"에 초점을 맞추었다.[21]

요컨대 탈식민주의 이론은 종종 서구의 지식이
객관적이고 권위적이며 보편적으로 적용 가능하다는
가정을 불안정하게 하거나 최소한 이에 도전했다.
식민주의 비평이 종종 근대국가로의 이행이라는
정해진 궤적 위에서 지역적인 변주local variations 를 창출하는
것처럼 보인다면—이 과정에서 수많은 "비주류"
문헌을 생산한다—, 탈식민주의 이론은 유럽·북미형
민족국가의 지식생산 형식 자체를 지방화하거나 혹은
식민주의와 연관 짓고자 했고, "주류" 문헌을 새롭게

조명하기 위해 비주류 문헌을 이용했다.[22] 이런 식으로 "식민주의적"인 것은 계급, 젠더, 인종이라는 사회적·역사적 분석의 주요 범주와 연결될 수 있다. 따라서 과학학과 탈식민주의 이론 간의 연계는 단순히 비서구의 서구 과학기술을 둘러싼 사례를 제공하는 것이 아니라, 심지어 서구 "본토"에서의 테크노사이언스에 관한 전통적인 이해를 "식민화"하고 불안정하게 만들 수 있는 잠재력을 갖고 있다.

그러나 보다 최근에는 식민주의적 문화들을 연구하는 많은 인류학자들과 역사학자들이 대부분의 탈식민주의 이론에서 확연히 두드러지는 환원성과 균질화^{homogenization}를 비판하고 있다. 인류학자 니콜라스 토머스는 다음과 같이 한탄한다. "통일적인 전체성으로서 "식민주의"와 그로부터 파생된 "식민주의적 담론", "타자", 오리엔탈리즘, 제국주의 등의 전체성들에 대한 지나친 믿음으로부터 야기된 (…) 일종의 교착상태가 존재한다." 토머스는 "전 지구적 이론에의 충동$^{global\ theory}_{impulse}$"을 기각한 채, 그보다는 "행위자, 장소, 시대를 중심으로 식민주의적 표상들을 위치 지을^{situates} 수 있는" 구체적인 분석 전략이 필요하다고 주장한다. 탈식민주의 연구는 보편화된 정신분석의 관점을 취해서는 안 된다. 오히려 그것은 특정한 역사적, 정치적, 문화적 맥락들로 천착해 들어감으로써 추정된 진실들을 파열시키고, 제국주의적이고 식민주의적인 범주들을 불안정하게 하며, 이질적인 것들 사이의 조우들을 재구성해야 한다.[23] 이와 유사하게, 남아프리카사 연구자 프레데릭 쿠퍼는 트랜스내셔널한 프레임 속에서 "권력이 배치되는 정확한 방식들과 권력이 행사되고, 경쟁에 붙여지고, 굴절되고, 원용되는 appropriated 방식들"을 연구할 것을 요청했다. 서발턴 연구 그룹 내 인도사 연구자들로부터 영향을 받은 쿠퍼는 다음과 같이 촉구했다.

> "근대", "후기 계몽주의 시대" 혹은 "서구 담론"의 이름으로 전파되는 권력을 파악하기 위한 후기구조주의적 경향을 넘어, 구체적인 상황에서 어떻게 권력이 구성되고, 통합되고, 경쟁에 붙여지고, 제한되는지 분석해야 한다.[24]

반면에 탈식민주의 이론의 통찰을 일관적으로 기각해서는 안 된다고 생각하는 아르투로

에스코바르는 혼종성의 개념들이 예컨대 일종의 근대성의 민족지학$^{\text{ethnography}}_{\text{of modernity}}$을 통해서도 도출될 수 있다고 말한다.

> "거대한 대안 모델들이나 전략들을 찾는 대신, 우리는 특정 지역의 구체적인 환경 속에서의 대안적인 표상들과 실천들을 조사할 필요가 있다. 특히 그러한 표상들과 실천들은 혼종화^{hybridization}, 집단행동, 정치적 동원이라는 맥락 속에서 존재하므로 더더욱 조사할 가치가 있는 것이다."[25]

이는 이성적인 인간의 서구적 형상에 관한 탐구라기보다는 테크노사이언스와 사회적 질서의 지역횡단적 공동생산$^{\text{translocal}}_{\text{co-production}}$에 관한 경험 연구인 것이다.[26]

한편, 오늘날의 탈식민주의 이론은 대체로 의학이라는 영역에 크게 주목하지 않는 것처럼 보인다. 그러나 의학은 다양한 서발턴 역사들의 공통적 참조점이 되었으며, 역사인류학의 형성에도 기여한 바 있다.[27] 심지어 과학이라는 주제도 탈식민주의적 역사 연구와 관련하여 드물게 언급될 뿐이다.[28]

니콜라스 토머스는 "인종, 제국주의, 오리엔탈리즘 등의 주제와 관련된 새로운 분석과 비판의 물결"에 대한 관심을 촉구하면서, 특히 "과학과 의학의 역사들"을 구체적으로 거론했다.[29] 프레드릭 쿠퍼는 탐험가, 과학자, 의사, 관료들의 "범주와 비유"에 대한 연구들—특히 인종적이고 문화적인 관점에서 특정 질병에의 취약성을 정의하던 식민주의 의학의 특징에 대한 연구들—로부터 도출된 탈식민주의적 통찰들을 설명한다. 쿠퍼는 식민주의 국가의 제도와 레토릭을 더욱 철저히 연구해야 한다고 권고하면서 "이러한 관점에서 이미 연구가 시작된 주제 중 하나는 바로 건강"이라고 말했다.[30] 요컨대, 탈식민주의 연구에서 과학과 기술, 특히 의학적 과학기술은 추가적인 분석이 필요한 중요한 식민주의 프로젝트의 일환으로서 두루 인정되고 있는 것이다.

근대화 이론에서 대안적 근대성들로

1960년, 월트 로스토는 "비공산주의 선언"을 외치며 경제 성장의 여러 단계들을 제시했다. 그의 이론은 근대화 이론의 고전 가운데 하나인데, 전통사회로부터의 "도약"을 이루어내는 데 과학과 기술이 중요함을 강조했다. 실제로 "주로 기술(비록 전적으로 기술적이기만 한 것은 아니지만)에 의한" 추동이 관건이라는 것이다.[31] 과학은 유럽으로부터 전파되어 그것을 받아들일 준비된 곳에 정착하는 것처럼 보였다. 몇 년 후 조지 바살라는 이러한 전파주의적 가설을 확대하여 서구과학이 그 중심에서 주변으로 확산되어 가는 구체적인 단계들을 정리했다. 바살라에 따르면, 1단계에는 주변부에서 각종 탐사 활동이 일어나 유럽 과학에 필요한 원재료가 확보된다. 두 번째 단계 동안에는 본국으로부터 파생되거나 본국에 의존적인 식민지 과학 제도들이 설립된다. 종종 이는 독립적인 민족국가의 과학으로 더 발전하기도 하는데, 이것이 바로 3단계이다.[32]

바살라의 단순한 진화론적 과학 발전 모델은 1980년대 과학학 연구자들 사이에서 광범위한 비판을 불러일으켰다. 이러한 반응은 보다 일반적으로 근대화와 개발을 전파주의적으로 설명하는 종래의 이론을 비판했던 종속이론dependency theories과 세계체제론world system theory으로부터 부분적으로 영감을 받은 것이었다.[33]

예를 들어, 로이 매클라우드는 전파주의적 주장의
선형적이고 획일적인 속성을 지적했으며, 그러한
이론으로는 과학의 복잡한 정치적 차원들에 주목할 수
없다고 보았다. 그는 제국 과학$^{imperial}_{science}$이라는 보다
역동적인 개념을 제안함으로써, 중심부와 주변부 간의
정적인 이분법보다는 제국의 동적 기능을, 즉
"움직이는 본국$^{moving}_{metropolis}$"을 포착할 것을 요청했다.[34]
데이비드 웨이드 체임버스도 바살라의 전파주의를
거부했다. 그는 비서구적 조건 하의 과학에 관한 더
많은 사례 연구, 그리고 과학 발전을 설명함에 있어
상호작용을 더 강조하는 모델이 필요하다고 주장했다.
그러나 체임버스는 "더 일반적인 틀이 없으면 우리는
지역사들$^{local}_{histories}$의 바다 속으로 가라앉고 말 것"이라고
경고했다. 그는 "식민주의적"인 것의 중요성에
주목했지만, 그 당시에는 그것이 얼마나 많은 것을
설명해줄 수 있을지 확신하지 못했다.[35] 1990년대 초,
파올로 팔라디노와 마이클 워보이즈는 전파주의의
대표작으로 간주되는 루이스 파인슨$^{Lewis}_{Pyenson}$의 연구를
비판하면서, "서구의 방법론과 지식은 비서구에서 그저
수동적으로 받아들여진 것이 아니라, 자연 지식 및
종교에 관한 기존의 전통과 여타 요소들과의 관련성

속에서 변형되고^{adapted} 선택적으로 흡수되었다"라고 주장했다. 팔라디노와 워보이즈는 한 발 더 나아가 제국주의가 식민지뿐만 아니라 "본국의 과학 제도와 지식" 또한 형성했음을 지적했음.[36]

전파와 민족 건설_{building}^{nation} 에 관한 논의는 점차 접촉지대_{zones}^{contact}와 네트워크 구축에 대한 논의로 대체되어 갔다. 최근 매클라우드는 중심부-주변부 모델의 폐기를 재차 촉구했고, 그 대안으로 "복잡한 맥락들로 채색된 관점들"에 입각하여 사유와 제도의 이동을 연구하고 상호성을 인정할 것을 제안했다.[37] 이러한 조언은 적어도 1980년대부터 과학기술학계 내에서 "지역적 실천들^{local}_{practices}"과 "행위자-네트워크^{actor-}_{networks}" 같은 프레임들이 구가했던 광범위한 인기를 반영하는 것이기도 했다. 과학과 기술은 필연적으로 특정한 지역에서의 구체적 실천들이지만, 해당 지역을 벗어나 이동할 수도 있다. 메릴린 스트래선은 문화들의 국지성 뿐만 아니라 "네트워크들의 길이"에 대해서도 질문을 던져야 한다고 주장한다.[38] 1984년에 브뤼노 라투르는 어떻게 뉴턴의 물리법칙이 가봉에서나 영국에서나 동일하게 통용될 수 있는지 물었다.[39] 1986년에 존 로는 리스본에서 출항하여 제국의 먼

강역으로 항해했던 포르투갈의 선박들이 어떻게 유지·관리될 수 있었는지 분석했다.⁴⁰ 그의 질문은 다음과 같았다. 과학적 사실들 혹은 실천들과 기술적 구성들은 낯선 장소에서 어떻게 안정화되는가? 행위자-네트워크 이론은 처음에는 이러한 "불변의 동체immutable mobiles"가 어떻게 생산되는지 설명하기 위한 이론이었다. 따라서 역설적이게도 전파주의라는 오래된 모델의 의도치 않은 변주로 이해되기도 했던 것이다. 그러나 행위자-네트워크 이론의 후기 버전들은 대상들이나 실천들이 이동함에 따라 겪게 된 변형과 재편을 묘사하며 유동성을 더 강조했다. 예를 들어, 짐바브웨의 부시 펌프의 경우, 마을마다 조금씩 그 형태를 달리하며 상이한 네트워크를 재구성해 갔다. 하지만 그러면서도 그것들을 같은 짐바브웨 부시 펌프로 식별하게 해주는 모종의 공통성은 유지되었다.⁴¹ 라투르가 주장하듯, "심지어 긴 네트워크조차도 언제나 지역적이다. 이는 어떠한 지점에서도 마찬가지이다."⁴² 그러나 종종 이와 같은 지역적 장소들에 대한 분석에는 일종의 기호학적 형식주의semiotic formalism가 수반되는 것처럼 보인다. "지역"이라는 것은 자못 추상적이며 역사적·사회적 구체성을 결여한 것으로 보일 수 있다. 네트워크의 구조적 특징들은 명확해지지만, 바로 그 네트워크에 의해 형성되는 여러 관계들과 정치를 식별하기란 여전히 쉽지 않다. 이 지점에서 탈식민주의 과학기술학은 행위자-네트워크 이론이 제기한 질문에 대해 더 풍부하고 다채로운 일련의 새로운 대답들을 제공할 수 있을 것이라 생각된다.[43]

이동하는 지식 실천들mobile knowledge practices 간의 접촉지대에 대한 세밀한 연구들은 당대 과학자들과 원주민들 사이의 상호작용에 초점을 맞추고 있다. 헬렌 베런, 데이비드 턴불, 그리고 그들의 학생들의 연구는 특히 영향력이 있다. 이들은 탈식민주의 과학학의 흐름 가운데 "멜버른-디킨 학파"를 대표한다고 볼 수 있다. 이들은 종족사ethnohistory에 대한 특유의 열정을 특징으로 하며, 구성주의적이고 페미니즘적인 과학기술학에 기반을 두고 있다.[44] 베런은 호주 아넘랜드Arnhem Land에 거주하는 욜릉구Yolngu 사람들과 더불어 "전통적"이라고 할 수 있는 지역 지식 실천과 "과학적"이라고 할 수 있는 지역 지식 실천 간의 상호작용을 연구하여 "존재론적/인식론적 확신을 둘러싼 정치"를 분석했다. 베런의 목표는 단지 서구적

합리성의 분열과 모순을 드러내려는 것이 아니었다.
그는 하나의 공동체를 추구했다. 그것은 곧
"구성원들이 상상들imaginaries을 공유하고 있음을
인정하는 공동체이며, 그러한 상상들이 우리의
세계들을 구성하는 무수한 혼종의 집합체들hybrid assemblages을
인식하는 방식의 일부임을 분명히 하는 공동체"였다.[45]
베른은 현재 진행 중인 연구 프로젝트를 통해 단지
어떤 대상을 기술하는 것을 넘어, 상이한 지식
실천들의 난잡함, 우연성, 삭제할 수 없는 이질성을
염두에 두고 무언가 더 나은 일—예컨대 토지 이용
방법을 둘러싼 협상—을 할 수 있는 방법을 찾고자
한다.[46] 마찬가지로 데이비드 턴불도 다양한 조건
하에서 "우연적이고 상호작용하는 공간-지식 집합체"를
연구했다. 턴불은 "서구의 테크노사이언스를 포함하는
모든 지식 전통들은 특정 지역의 지식 형태들이므로
서로 비교될 수 있으며, 따라서 그중 어느 하나를
인식론적으로 특권화하지 않으면서도 각각의 상이한
권력 효과를 비교하는 것이 가능"하다고 주장했다.[47]
즉, 가장 널리 받아들여지는 테크노사이언스도 여타의
다른 지식 실천과 마찬가지로 언제나, 심지어 그
행위자들이 "전 지구적으로 행동"하고 있다고 자임할

때조차, 특정한 지역에 뿌리내린 역사와 정치를 갖는다.

베런과 턴불이 테크노사이언스의 지역적 수행으로부터 비롯된 난잡한 정치를 긍정한다면, 샌드라 하딩과 다른 연구자들은 다양한 지식 전통들에 대해 비교문화연구$_{\text{studies}}^{\text{cross-cultural}}$의 접근법을 취함으로써 인식론적 명확성을 확보하고자 했다. 하딩에게 탈식민주의적 접근은 "과학기술 사상을 더 정확하고 포괄적으로 이해하기 위한 자원"이었다. "우리는 탈식민주의적 범주를 전략적으로 활용할 수 있다." 하딩에 따르면, 그것은 "쉽게 놓치기 십상인 현상들을 포착하기 위한 일종의 도구 혹은 방법론"이다.[48] "토머스 쿤 이후의 과학학"의 영향을 받은 하딩은 지역 지식의 중요성을 강조했으며, 더 역동적이고 포용적인 전 지구적 역사들을 요청했다. 그러나 그의 주요 목표는 "기능장애에 빠진 보편성에의 주장$_{\text{claims}}^{\text{universality}}$"을 개선하여 더 나은 근대성을 이룩함으로써 근대과학의 객관성을 강화하는 데에 있었다.[49] 아마 대부분의 탈식민주의적 연구자들은 이러한 동기를 공유하지는 않을 것이다. 로렌스 코헨은 하딩이 기존의 "담론장을 다원화"하기를 원하는 반면, 대부분의 탈식민주의적 지식인들은 일종의 "반란에 의한 폐기"를 희구한다고 파악했다. 코헨에 따르면, 하딩류의 다문화적 과학학의 맹점은 그것이 그저 "기존의 헤게모니 위에 차이를 배치"할 뿐이라는 점이다.[50] 이와는 대조적으로 아시스 난디 등의 탈식민주의적 학자들은 테크노사이언스들의 이질성과 난잡함, 그리고 그에 수반되는 "근대성들"을 드러내고자 했다.[51]

브뤼노 라투르가 유럽의 근대성에 의문을 제기했듯, 그리고 디페시 차크라바르티$^{Dipesh}_{Chakrabarty}$가 유럽을 지방화할 것을 제안했듯, "제3세계 개발"에 대한 비판론자들은 다수의 대안적 근대성들을 사유하기 시작했다. 대문자 근대성^{Modernity}이 유럽에서 나왔다면, 비유럽 지역들에서는 소문자 근대성들이 증식하고 있는 것처럼 보인다. 과거에는 이토록 수많은 근대적인 것들을 생각해본 일이 없다. 이러한 현상이야말로 아마 미셸 푸코가 말한 "예속된 지식들의 반란$^{insurrection\ of}_{subjugated\ knowledges}$"일 것이다.[52] 개중에서도 아르준 아파두라이는 "대안적 근대성들"을 묘사하고, 리사 로펠은 중국에서 "또 다른 근대성들"을 식별하며, 메릴린 스트래선은 복수의 장소에서 "새로운 근대성들"을 발견한다.[53] 마셜 살린스는 "인류학적 계몽"을 반추하며, "각자의 고유한 근대성의 문화적

판본들을 창조하기 위한 비서구인들의 투쟁"에
주목했다. 이러한 투쟁은 "원주민적 근대성들"의
탄생으로 귀결된다. 살린스는 분석 용어로서
"중심부"와 "주변부"라는 개념이 더 이상 쓸모가 없다고
주장한다.[54] 모든 곳이 혼종적이거나 불완전한
근대성들로 뒤덮여있을 뿐이다. 순수한 근원이라는
것은 존재하지 않는다.

    테크노사이언스의 발전에 대한 전파주의적
이론들과 근대과학이 하나의 중심부로부터 다른
곳으로 단순히 퍼져나갔다는 가정에 대한 가장 강력한
도전은 아마도 개발 담론의 비판자들로부터 나오고
있는 것 같다. 이들은 유럽 바깥에서 변이하고
있는mutating 근대성들을 인류학적으로 고찰하는
사람들이다. 아르투로 에스코바르는 "문화적·
역사적으로 구체적인 현상으로서" 근대성을
연구했으며, 그의 작업은 틀림없이 탈식민주의
과학기술학의 지평 위에 서 있다.[55] 아킬 굽타는
마찬가지로 인도의 농업 개발에 대한 연구에서
"혼종적인 담론들과 실천들을 (…) 묘사하기 위해, 전
지구적이고 국가적인 개발 프로젝트와 "지역적"
실천들의 뒤엉킴을 풀어내기 위해" 탈식민주의 이론을

활용했다. 여타의 탈식민주의 학자들과 마찬가지로 굽타는 "식민주의적 사유 대 민족주의적 사유의 이분법"을 뒤흔들고, "원주민적인 것이 근대주의적 담론 안에 중첩되어 있음을 지적"한다.[56] 요컨대, 우리는 다양한 근대들을 추구하면서도 동시에 잠재적으로 식민주의적일 수 있음을 깨닫게 된다.

탈중심화된 근대성들은 이처럼 혼란스럽게 파열되어 있는 풍경을 만들어낸다. 그러나 우리는 테크노사이언스를 이러한 풍경 속 수많은 장소들 위에 위치시키고 그것의 지역횡단적 이동$^{translocal}_{travel}$을 추적해볼 수 있다. 예를 들어, 가봉과 마다가스카르의 우라늄 채굴에 대한 연구에서 가브리엘 헥트는 핵과 비핵의 구분을 분석하고, "핵의 속성^{nuclearity}, 식민주의, 비식민화가 상호 형성되게 하고 또 대립하게 만드는" 일련의 분절된 사회적·기술적 실천들을 드러낸다. 다양한 장소에서 다양한 방식으로 식민주의적 권력관계—특히 종족 위계—는 독특한 기술적 미래들 안으로 "병합^{conjugated}"되었다.[57] 피터 레드필드는 탈식민주의 이론과 과학학이 "근대성을 구성하는 유동적인 가정들에 반대한다는 공통점"을 갖고 있다고 본다.[58] 레드필드는 프랑스령 기아나와 "우주"를

41

중심으로 한 식민주의적 우주 탐사 경쟁에 관한 연구에서 유럽과 "우주"를 탈중심화 혹은 지방화함으로써 근대 테크노사이언스가 무수하게 많은 형태를 취할 수 있으며 지리적으로도 불안정하다는 점을 보여주려 한다. 또한 티베트 의학이 부분적으로 미국 생의학 체계 내부로 편입되어 가는 지난한 과정과 각종 과학 연구에 참여한 티베트 의사들이 겪었던 불평등을 그려낸 빈센 애덤스도 테크노사이언스의 트랜스내셔널한 재구성에 주목한다. 근대 테크노사이언스는 그것이 함부로 평가하는 티베트 의학의 실천들만큼이나 "주술적magical"이고 우연적contingent인 것으로 보일 수 있다. 탈식민주의적 차이를 의식하는 마케팅의 일환으로 "정당한 과학"과 "범죄," "사실"과 "믿음"이 복수의 장소들에서 재협상되고 경합에 붙여지며, 결국에는 아마도 제약 기업들이 주도하는 미래를 향해 불규칙적으로 병합되어 갈 것이다.[59]

지역적인 것을 새롭게 프레임하기, 테크노사이언스를 지방화하기

탈식민주의 과학기술학을 정의하는 명확한 경계선을 그으려는 시도는 헛된 일이다. 그 연구 대상만큼이나 탈식민주의 과학기술학 자체도 이질적이다. 탈식민주의 과학학의 고전을 나열하는 시도 또한 요점을 놓치는 일이 될 것이다. "근대성"과 마찬가지로 탈식민주의 과학학도 계속해서 변화하고 있기 때문이다.

그럼에도 몇 가지 핵심적인 특징을 언급할 수는 있을 것 같다. 탈식민주의 과학기술학은 테크노사이언스의 "위치지어짐situatedness", 그리고 라투르의 말마따나 기나긴 네트워크조차도 모든 지점에서 지역적일 수밖에 없다는 인류학적 확신을 대단히 강조한다. 탈식민주의 과학기술학은 또한 메리 루이스 프랫이 제국의 "접촉지대"라고 부른 것에 초점을 맞춘다.[60] 길버트 조셉이 말했듯, 그러한 접촉지대는 "고정된 의미를 지닌 지리적 장소들이 아니다." 접촉지대는 헤게모니를 향한 제국의 노력을 표상하기도 하지만 동시에 모호성의 장소들이자 협상, 차용, 교환의 장소들이며 재배치와 전복의

43

장소들이기도 하다.[61] 테크노사이언스의 네트워크들의 지역성. "전 지구성"을 생산하는 특정한 위치성. 대체와 축출과 재조정의 트랜스내셔널한 과정들. 테크노사이언스의 분열성과 혼종성. 이 모든 것들이 헥트, 레드필드, 애덤스의 다지역적$^{\text{multi-}}_{\text{sited}}$연구 속에서 생생하게 제시되고 있다. 혹자는 오래된 식민주의적 관점을 따라 "지역"이란 그저 과거 "주변부"라고 불렸던 장소의 특성을 지칭하는 다른 표현일 뿐이라고 생각할지도 모르겠다. 그러나 탈식민주의적이고 다지역적인 관점에서 볼 때, "중심부" 또한 하나의 지역에 불과하며, 네트워크 위의 일개 마디로서 간주되어야 할 따름이다. 이러한 견지에서 닉 킹은 "전 지구적 질병 위협"에 관한 연구를 통해 북미 생의학계가 말하는 "전 지구적 활동"이라는 것의 위치지어짐을 드러내고 그것을 재영토화 reterritorializing하고자 했던 것이다.[62] 아마도 인류학이 열대에서 고향으로 돌아와야 한다고 말했을 때의 라투르의 진의는 이처럼 "주변부"와 "중심부"를 함께 살펴보아야 한다는 것이지 않았을까.

탈식민주의 과학기술학은 다채로운 지역문화의 맥락에서 정치경제들을 체계적으로 이해할 수 있는 기회를 제공할 수 있다. 아니면 적어도 이 미로를 헤쳐 나가기 위해 따라가야 할 실타래를 제공할 수 있을 것이다. 웨이드 체임버스가 "전 지구적" 과학에 관한 고찰을 무수한 지역 연구들로 파편화하는 것에 대해 의구심을 제기했을 때, 그는 여전히 그러한 지역적 사례연구들을 하나로 묶어낼 방법을 찾고자 했다.[63] 페르난도 코로닐에 따르면, 흔히 정치경제학은 추상적인 거대 주류 서사로, 문화연구는 파편화된 지역적 이야기들로 간주되는 경향이 있다. 그러나 "결정론과 우연론, 체계성과 파편성을 양립 불가능하게만 보는 관점에 따라 사회를 분석해야 할 이유는 없다." 우리는 결국 "부분들과 전체로 이루어진 복잡한 구조를 이해하기 위해" 노력해야 하는 것이다.[64] 심지어 가장 지역적인 것을 연구할 때에도 해당 지역을 초월하는 네트워크를 염두에 두어야 한다. 인간들, 실천들, 물질들의 이동과 더불어 발생하는 여러 지역들 간의 연결성을 제시할 필요가 있는 것이다.[65] 최근 부상하고 있는 근대 테크노사이언스에 대한 풍부하고 다채로우며 다지역적인 연구는 지식을 위치짓는 것과 한 장소에서 다른 장소로 이동하는 지식을 추적하는 것 모두가 중요함을 입증하고 있다. 더 나아가 레드필드의 말처럼, ""지역"이 형태를 갖추게 되는 상이한 시간적·공간적 프레임들"을 이해할 필요성이 점점 더 강조되고 있다.[66] 과거 "중심부"라고 불리던 곳에 대한 것이든 "주변부"라고 불리던 곳에 관한 것이든, 이러한 새로운 연구들은 사회과학에서 더 흔하다고 할 수 있는 역사학적, 사회학적 방법만큼이나 인류학적 분석 방법에 토대를 두고 있다. 버나드 콘은 역사학자들이 전통적으로 민족을, 인류학자들은 제국을 따라간다고 주장한 바 있다. 탈식민주의적 접근은 이러한 구분법에 도전한다. 이제 과학인류학자들은 역사학자들과 함께 "민족"을, 과학사학자들과 과학사회학자들은 인류학자들과 함께 "제국"을 연구하고 있다.[67]

테크노사이언스에 관한 다지역적이고 간학제적 연구는 언제나 흥미로웠지만 특히 오늘날 더더욱 필요하다. 옛 제국의 몰락과 민족국가의 쇠퇴로 인해, 영토적으로 한정된 권력의 중심이라는 발상은 그 어느 때보다 설득력을 잃고 있다. 혼종적 정체성들, 유동적인 위계들, 복잡한 교환들, 대체와 축출과 파편화 현상이 점점 더 급증하고 있는 것처럼 보인다. 우리는 어떻게 이러한 것들을 이해하고 설명해야 하는가? 물론 그 어떠한 새로운 세계 질서도—만약

세계 질서라는 거창한 이름이 사용될 수 있다면
말이다—수없이 다양한 방식으로 특징지어질 수 있을
것이다. 마이클 하트와 안토니오 네그리는 "구별짓기,
균질화, 탈영토화, 재영토화의 새롭고 복잡한 체제들에
의해 정의되는 하나의 세계"가 등장했음을 선언했다.
그리고 그들의 글은 적어도 오늘날의 사회분석이
공통적으로 제기하고 있는 어떠한 변화의 감각을
가리킨다.[68] 확실히 무언가 일어나고 있는 것처럼
보인다. 그러나 그것이 무엇인지 어떻게 더 많이
알아낼 수 있을까? 에스코바르는 근대성의 인류학을
옹호하며 다음과 같이 주장했다.

> 제3세계에 대한 표상 체계regimes of representation 에 닥친 위기는
> (…) 새로운 이론 및 연구 전략을 요구한다. 이
> 위기는 진리truth와 실재reality 사이의 연결, 말과
> 사물 사이의 연결을 재구성함에 있어서 진정으로
> 결정적인 순간이다. 이 위기는 새롭게 보고, 새롭게
> 인식하고, 새롭게 존재하는 실천들을 요한다.[69]

그리고 또 다시, 코로닐에 따르면, "집단적인
정체성들은 더 이상 과거의 범주들로 분류될 수 없는

파편화된 장소들 위에서 정의되고 있다."[70] 이번 『과학에 관한 사회적 연구』 특집호에 수록된 논문들은 테크노사이언스라는 오래된 지도를 다시 그려내는 데에 기여할 것이며 몇몇 새로운 범주들을 포착하는 데에 도움이 될 것이다.

Warwick Anderson, "From Subjugated
Knowledge to Conjugated Subjects:
Science and Globalisation, or
Postcolonial Studies of Science?"
Postcolonial Studies 12 (2009): 389–400.

2 예속된 지식에서 병합된 주체들로: 과학과 세계화인가 탈식민주의 과학학인가

설명이 필요한 제목—예를 들어 이 글의 제목 같은—은 교체가 필요한 제목이라 할 수 있다. 그럼에도 이러한 제목들은 종종 일련의 질문들을, 혹은 문제의식을 던지는 데에 있어 평범한 제목들보다 더 효과적일 수 있다. 또 어떤 연구 방법론이나 분야를 융합하거나 해체하는 데에도 도움이 될 수 있다. "예속된 지식$^{subjugated}_{knowledge}$"이라는 용어는 확실히 꽤 많은 것들을 연상시킨다. 누군가는 봉기를 부르짖던 미셸 푸코를 떠올릴 것이고,[1] "제3세계"적 관점의 회복을 희구하는 다른 누군가는 마르크스주의적 종속이론의 탈식민주의적 유산과 종족 과학^{ethnoscience}에 관한 낭만적 비전들을 생각할 것이다. 한편, "병합된 주체들$^{\text{conjugated}}_{\text{subjects}}$"이라는 용어는 조금 더 까다롭다. 이는 탈식민주의적 혼종성과 이질성을 암시하는 용어로, 어떠한 것들이 더 복잡하게 얽혀 있는 상태를 가리킨다. 따라서 이 용어와 관련해서는 2000년 전후 인문학계에서 많은 주목을 받았던 다양한 이론적 입장들을 긴밀하게 다룰 수밖에 없다. 나는 이 두 표현을 함께 사용함으로써 지난 20여 년 동안의 과학·기술·의학에 대한 탈식민주의적 연구의 궤적을 추적하고자 한다. 한편, 부제는 학자들이 "세계화^{globalisation}"를 물신화하는 방향으로 나아감에 따라 탈식민주의적 접근법이 (그나마 견고하지도 않았던 상태에서 더욱) 노골적으로 쇠퇴하게 된 최근의 상황을 톺아보려는 나의 의도를 드러낸다. 다른 분야와 마찬가지로 과학기술학에서도 세계화를 지나치게 낙관적으로 보는 분석들이 탈식민주의라는 불쾌할 수 있는 지적 계보를 빠르게 밀어내고 있다. 이러한 경향은 때때로 비판 정신의 후퇴를 초래하는 것처럼 보인다.

    STS 내에서 탈식민주의라는 비주류적 접근법이 제기한 문제들은 대체로 어떻게 공식적인 지식과 실천이 이동하는지, 그렇게 이동한 공식적인 지식과 실천이 어떠한 지점에 도달했을 때 무슨 일이 벌어지는지, 그것들이 상이한 문화들을 가로질러 어떻게 표현되는지 설명하기 위한 것들이라고 요약될 수 있다.² 나는 특정한 지식이나 실천을 함부로 정의하거나 특권화하지 않기 위해 "공식적인"이라는 표현을 사용한다. 그러나 원하든 원치 않든, 우리 모두는 여기서 초점이 흔히 서유럽과 북아메리카와 결부되는 과학·기술·의학의 근대적 형태들에 맞춰져 있다는 점을 모르지 않을 것이다. 제2차 세계대전 이후 과학이 어떻게 이동하고, 변형되며, 여타의 지식 및 실천과 어떻게 상호작용하는지 설명하기 위한 노력들은 근대화 이론과 종속이론, 개발 인류학$^{development}_{anthropology}$, 사회학적 상호작용론$^{sociological}_{interactionism}$, 행위자-네트워크 이론$^{actor\text{-}network}_{theory,\ ANT}$ 등의 접근법에 기반을 두고 전개되어 왔다. 이러한 시도들이 계속해서 학문적인 관심을 불러일으키고 있기는 하지만, 그 누구도 지금까지 제시된 대답들에 완전히 만족하고 있는 것 같지는 않다. 역사학자 사이먼 섀퍼는 다음과 같이 묻는다. "만약 사실들이 (…) 지역적 여건들에 의해 (…) 그토록 많이 좌우된다면, 다른 장소에서 사실들은 어떻게 작동하는가?"³ 스티븐 샤핀이 관찰한 바와 같이, "우리는 지식이 특정한 장소에서 어떻게 만들어지는지 뿐만 아니라 서로 다른 장소들 사이에서 어떤 식으로 교환이 발생하는지에 대해서도 이해할 필요가 있다."[4] 지금까지 문화지리학은 과학학의 인식론적 관심사를 보충함에 있어 그리 큰 영향력을 발휘하지 못했던 것 같다. 적어도 『과학학 입문 *The Science Studies Reader*』에서 이 분야에 거의 관심을 기울이지 않았다는 사실만 놓고 판단한다면 말이다.[5]

지금까지 과학기술의 교환, 번역, 변형을 설명함에 있어 탈식민주의 이론과 그 통찰이 명시적으로 혹은 공개적으로 활용된 적은 의외로 많지 않았다.[6] 그럼에도 여러 전문 학회, 학술지의 특집호, 전문 단행본 및 논문, 그리고 방법론 에세이가 탈식민주의적 색채를 띠는 과학학에 대해 다루어왔다. 이러한 성과들 중 몇몇 선구적인 저작은 아시스 난디 등 탈식민주의 이론가로 분류되는 연구자들의 것이었지만, 그 외 대부분은 자신의 분야에서 확고히 자리 잡은 과학기술학자들의 생산물이다.[7] 탈식민주의의 직간접적인 영향을 파악하기 위한 한 가지 방법은 각종 과학학 편람류의 저작들을 살펴보는 것이다. 1995년에 출간된 『과학기술학 편람 *Handbook of Science and Technology Studies*』에서는 근대과학의 확산을 설명하기 위해 "번역 네트워크"와

"사회적 네트워크 모델"이라는 표현이 간혹 사용되었다.[8] 과학기술과 국제관계를 다룬 "세계를 세계화하기 Globalizing the World"라는 챕터에서는 잘 알려진 세계화 전문가들이 거의 인용되지 않았다.[9] 반면, 헬렌 베런과 데이비드 턴불은 원주민의 지식 체계에 관한 그들의 논문에서 에드워드 사이드를 인용하며 두드러지게 (그리고 유일하게) "탈식민주의"를 언급했다.[10] 『과학기술학 편람』의 가장 최근 판본은 과학기술에 대한 탈식민주의적 접근법—이러한 접근법 중 몇몇은 명시적으로 탈식민주의적임을 선언했다—을 소개하는 데에 한 챕터 전체를 할애했으며, 이 챕터는 빈센 애덤스와 내가 썼다.[11] 그러나 이 판본에서부터는 "세계화"라는 용어가 대대적으로 등장하고 있다는 사실이 더욱 특기할 만한데—특히 "세계화"라는 용어와 관련하여 마이클 하트 Michael Hardt, 안토니오 네그리 Antonio Negri, 마누엘 카스텔스 Manuel Castells, 사스키아 사센 Saskia Sassen 등의 연구가 많이 인용되는데, 이는 이전 판본들과 매우 대조되는 특징이다—이는 상당히 의미심장한 변화이다.[12]

혹시 내가 진정한 탈식민주의적 접근이 무엇인지를 두고 지나치게 편가르기 식의 분류를 하고 있다고 오해할 수도 있으니 이쯤에서 부연이 필요할 것 같다. 오히려 내가 하고 싶은 말은 표준적이거나 공식적인 탈식민주의 이론가들의 작업과 과학학이라는 분야 사이에 충분히 비판적이고 깊이 있는 대화가 부족했다는 점이다. 대부분의 STS 학자들은 ANT와 세계화에 대한 최신 사회과학 연구들의 매력에 경도되어 탈식민주의 이론의 요점을 보지 못했다. 다른 한편 대부분의 탈식민주의 이론가들도—아마도 과학을 싫어하라고 가르쳤던 영제국 인문학 교육의 지속적인 영향력을 보여주며—문학적 텍스트 분석에만 몰두했다. 물론 과학이 어떻게 이동하고 상호작용하는지에 대한 비판적 분석은 그 기본 전제와 이론이 무엇이든 모두 암묵적으로 탈식민주의적이라고 생각할 수도 있다.[13] 누군가는 이러한 분석을 가능케 하는 조건들을 탈식민주의적 감수성이 제공한다고 주장할 수도 있을 것이다. 이 지점에서 나는 호주 영화 「더 캐슬The Castle」에 나오는 허술하지만 매력적인 변호사가 어떤 법적 선례를 재판에서 활용하려 했을 때 반복했던 대사가 떠오른다. "느낌적인 느낌vibe이 그렇습니다, 판사님. 느낌이요." 탈식민주의에 대해서도 같은 말을 할 수 있을지도 모르겠다.

그러나 느낌적인 느낌에 대해서도 어느 정도의 분석이, 아마도 약간의 구체적인 설명이 필요할 것이다. 비록 그들이 탈식민주의의 언어와 문헌들을 명시적으로 참고하지는 않았다고 하더라도, 과학의 이동을—그리고 비서구로 이동함에 따라 과학에 발생하게 된 변화를—연구하는 대부분의 학자들은 유럽중심주의를 비판하는 일에, 그리고 식민주의가 만들어온 세계를 인식하는 일에 관여하고 있다. 그들은 과거의 거대 서사들을 거부하고, 타자들의 목소리와 경험을 듣고 보고자 하며, 절대적인 것처럼 보이는 범주들 내부의 이질성과 다양성을 찾고 있는 것이다. 실제로 혹자는 과학기술에 대한 비판적인 연구는 1960년대의 비식민화를 지향하는 모멘텀에 의해 더 일반화될 수 있었다고 주장할지도 모른다. 비록 대부분의 과학기술학자들은 정작 STS라는 분야에 있어 반식민주의라는 지적 요소가 중요하다는 점을 인정하길 꺼려할 수도 있겠지만 말이다. 우리가 인정하든 그렇지 않든, 우리는 모두 탈식민주의라는 느낌적인 느낌 안에 있다.

행위자-네트워크 이론은
탈식민주의로 접근해 가고 있다

과학학 분야의 행위자-네트워크 이론(이하 ANT)은 과학기술의 이동과 새로운 지역에의 정착에 관해 매력적인 설명을 제공한다. 브뤼노 라투르, 미셸 칼롱, 존 로 등은 공식적인 지식과 실천이 한 곳에서 다른 곳으로 이전되는 과정을 묘사하는 데에 유용한 비형식주의적 수단을 창안해냈다. 칼롱은 다음과 같이 썼다. "확장된 번역이라는 모델은 (…) 지역적인 것도 전 세계적인 것도 배척하지 않으며, 행위능력^{agency}도 수동적 행위들도 모두 부정하지 않는다. 오히려 그것은 다양한 영향력의 범위, 가역성의 정도, 다양성, 상호연결성을 갖는 여러 네트워크들 간의 역학관계를 설명한다."[14] 원래 ANT는 하나의 네트워크를 가로지르는 일련의 번역들이 어떻게 과학기술을 이질적인 환경 속에서도 변함없이 유지시키는지 분석하기 위한 이론이었다. 예를 들어, 물리학의 법칙들은 어떻게 파리에서나 가봉에서나 동일하게 적용될 수 있는가? 네트워크들의 연장과 변형이 그러한 물리적 사실들을 안정화하고 "불변의 동체들"을 생산할 것이다. 인간과 비인간 행위자들이 발전시키는 네트워크의 결절지점들이 많으면 많을수록, 대상은 더욱 안정적이고 견고한 실체가 된다. 그러므로 사회, 자연, 지리와 같은 것들도 모두 이러한 동원들mobilisations, 번역들, 등록들enrolments의 결과이지 그 원인이 아닌 것이다. 라투르에 따르면, "사실들은 (…) 순환하는 실체이다. 사실들이란 하나의 복잡한 네트워크를 따라 흐르는 유동체fluid와 같다."[15]

ANT는 거대 서사들을 전복하며 과학학 내에서 근대화 이론과 종속이론을 대신하는 비판적인 이론으로 떠올랐다. 특히, 그것은 대부분의 근대화 이론에 내재된 단순한 전파주의diffusionism에 타격을 가했다. ANT는 전파주의적 주장이 전제하는 공유된 인지 규범들과 제도적 관계성들을 해체했으며, 중심부와 주변부 사이의 안일한 구분을 인정하지 않았다. 다른 이론들 중에도 이와 유사한 효과를 발휘하는 것들이 있었다고 인정될 수 있다. 그러나 ANT를 특히 강력하고 매력적으로 만들었던 것은 더 일반적인 부식 효과corrosive effect였다. 즉, ANT는 근대화 이론에 대항하는 이론들, 예를 들어 종속이론과 세계체제론—마찬가지로 선형적이고 균질적인 거대 서사들에 의존했던—까지도 약화시켰던 것이다.

그러나 라투르의 네트워크는 때때로 오래된 식민주의의 범주들을 무비판적으로 답습했다. 자기 안의 제국주의를 억제하거나 승화하려 한 프랑스 지식인들과 달리, 라투르는 ""과학"에 의한 사회 변화를 따라가기" 위해 "모국"이 아니라 식민지들을 살펴봐야 한다고 당당하게 말했다. 그는 『프랑스의 파스퇴르화 *The Pasteurization of France*』에서 "우리는 파스퇴르화된 의학과 사회가 무엇인지" 열대 식민지에서 "가장 잘 상상할 수 있다"라고 주장했다.[16] 그리고는 식민주의적 관계들을 지배와 굴종이라는 단순한 형태로 환원함으로써 프랑스 과학의 절대주권적 네트워크들의 확장을 보여주는 방향을 택했다. 이후 『판도라의 희망 *Pandora's Hope*』에서 라투르는 "과학이 실행되는 정글"에 질서를 부여하기 위해 아마존으로 현장 연구를 떠났다.[17] 아마존 가장 깊은 곳에서 과학자들은 무엇을 했는가? 과학자들은 문명의 끝자락에서 과학적 사실들을 안정화하기 위해 아무도 없는 정글에 실험실을 세우고 유럽에 있는 동료들과 대화를 이어갔다. 탈식민주의적 분석보다는 식민주의의 냄새를 풍기는 라투르의 이야기는 현지의 행위자들과 맥락을 생략하고 과학의 네트워크를 원주민들이 뚫을 수 없는 일종의 철장으로 만들어 놓는 데에 성공했다. 행위능력이 발휘되는 과정과 그러한 과정을 넓게 볼 것을 강조했다는 점—알프레드 노스 화이트헤드 Alfred North Whitehead 가 그러했듯—은 기존의 통념을 흔들어 놓으며 지적인 자극을 준다. 그럼에도 여기서 "현지"라는 것은 꽤 추상적이고, 이상하리만치 사람들이 보이지 않으며, 역사적이고 사회적인 맥락이 박탈된 장소처럼 보였다. 존 로는 ANT의 일부 주장이 "분배의 위계들을 무시하는 경향이 있고, 지나치게 군사전략적이며, 타자들을 (…) 식민화한다"라는 점을 포착했다.[18] 샤핀도 "라투르의 작업의 특징이라고 할 수 있는 군사주의적이고 제국주의적인 언어"를 비판했다.[19]

ANT의 후기 버전들은 어딘가를 원활하게 식민화하는 네트워크라는 관념에 유보적인 태도를 보이며 더 다변화된 접근을 취하고 있다. 예를 들어, 짐바브웨의 부시 펌프에 대한 연구에서 마리안 드라에와 아네마리 몰은 어떻게 이 일상적인 사물이 마을마다 조금씩 그 형태와 그것을 둘러싼 의미를 달리해 나갔는지, 어떻게 조금씩 다른 펌프들이 모두 같은 짐바브웨 부시 펌프로 식별하게 해주는 모종의 공통성은 유지할 수 있었는지, 다시 말해 "가변적인 동체"가 될 수 있었는지 설명한다.[20] 탈식민주의적 분석 쪽으로 기울어져 갔던 드 라에와 몰은 접촉의 복잡성들을 논하고 있으며, 과학이 식민주의가 만들어온 굴곡진 세계 위로 이동함에 따라 발생하게 되는 전유들, 저항들, 변형들, 쟁론들을 인정한다. 비록 탈식민주의 연구와의 직접적인 연관성을 드러내지는 않지만, 이들은 그 느낌적인 느낌을 받아들이고 증폭시킨 것으로 보인다. 더욱이 ANT를 비식민화 및 탈남성화하려는 드 라에와 몰의 노력은 탈식민주의 연구에 있어 새로운 경로와 접근법들—특히 ANT의 참신한 구성주의와 유물론적 이질성으로부터 도출된—을 제시하고 있다고 생각된다.[21]

탈식민주의는 과학학에 스며들고 있다

1994년 철학자 샌드라 하딩은 "탈식민주의적 서술이 만들어낸 더 정확한 역사적·지리적 지도 위에 근대과학을 위치시키자"라고 주창했다.[22] 그는 페미니즘 입장이론에 입각하여 제3세계 사람들의 지식과 실천을 망라하는 다문화 과학을 상상했다. 하딩은 원주민의 과학 전통들을 서구의 "종족 과학"이라고 할 수 있는 근대과학 속으로 통합하고, 자율적인 제3세계 과학 프로젝트를 지원하며, 비서구의 과학들을 미래의 전 지구적 과학을 만들기 위한 모델로 간주해야 한다는 등등의 몇 가지 구체적인 제안을 덧붙였다. 하딩은 서구 문화에서 두드러지는 "제국주의적이고, 폭력적이며, 소비적이며, 소유에 집착하는 개인주의적 경향들"과 대별되는 "제3세계의 민주주의적이고 평화적으로 생활을 영위하는 공동체적 경향들"을 제시했다.[23] 자신의 탈식민주의 과학학 선언문을 기초하면서, 하딩은 제국 과학에 대한 근래의 역사학적 연구, 종족 과학들에 대한 인류학적 접근들, 개발 프로그램에 대한 비판, 그리고 가장 중요하게는 아시스 난디, 수잔타 구네틸레케$^{Susantha\ Goonatileke}$, 반다나 시바$^{Vandana\ Shiva}$와 같은 제3세계 지식인들의 학문과 사회활동을 참고했다. 특히 하딩은 과학학이 유럽과 북아메리카 외부의 과학자들과 사회비평가들의 통찰을 포괄하기를 희망했다.

    하딩은 비유럽 문화들의 "입장(들)"을 내세우며 근대과학의 "승리주의"와 "예외주의"에 도전하고자 했다. 그는 "심지어 진보적인 과학기술학자들의 작업에서도 남성우월주의와 유럽중심주의의 유산들이 지속"되고 있음을 비판했다.[24] 그러나 하딩의 프로그램은 탈식민주의 연구의 거대한 세계 가운데 일부를 가볍게 건드렸을 뿐이다. 도리어 그는 때때로 탈식민주의적이라고 칭해지는 사유에 불편한 기색을 내비치기도 했다. 하딩이 보기에 일부 논자들이 탈식민주의를 이미 달성된 것으로, 어떠한 식민주의적 멍에로부터 자유로운 상태로 이해하는 것처럼 보였기 때문이다. 그러므로 "탈식민성이란 하나의 현실이기 이전에 하나의 욕망이자 꿈이자 비전이어야 한다."[25] 한편, 하딩은 서구 과학과 비서구 과학들을 이질적이고 혼종적인 것들로 간주하기보다는, 각각이 어떤 단일한 입장을 갖는 추상적이고 본질화된 것들로 본다. 또 전자는 우세적이고 후자는 열세적이다. 요컨대 하딩은 비록 탈식민주의를 표방하고 있지만 기존의 탈식민주의 비평을 거의 참고하지 않는다. 물론 누군가는 오히려 이러한 선택을 지지할지도 모르겠다.

2000년경 가브리엘 헥트와 나는 라투르가 유행시킨 합성어를 사용하여 이른바 탈식민주의 "테크노사이언스"를 주제로 하는 워크숍을 몇 차례 개최한 바 있다.[26] 일단 우리는 느낌적인 느낌에서 한 발자국 더 나아가 어떤 식으로든 탈식민주의 연구와 과학학 사이의 생산적인 대화를 이끌어내고 싶었다. 구체적으로 나는 탈식민주의 이론—특히 에드워드 사이드, 호미 바바, 가야트리 스피박 등의 저작들—이 과학학에 무엇을 줄 수 있을지 관심이 있었다. 어째서인지 그때 이후로 줄곧 나는 유물론적 과학학이 역으로 탈식민주의 이론에 무엇을 줄 수 있는가라는 질문을 계속해서 견지하는 데에는 실패했지만 말이다. 일련의 워크숍들은 『과학에 관한 사회적 연구Social Studies of Science』 특집호로 귀결되었다. 이 특집호는 얼마간 STS 분야의 신진 연구자들의 관심을 끄는 데에는 성공했지만, 기성세대 연구자들의 확립된 방법론들에 균열을 내는 데에는 더 많은 시간이 걸렸다.[27] 전반적으로 학자들(특히 미국을 대상으로 하는 연구자들)은 식민주의와 관련된 그 어떤 것도 자신들의 작업과 딱히 관련성이 없다는 식의 반응을 보였다. 다른 학자들도 난해한 이론을 그리 흥미로워하지 않았던 것 같다.

『과학에 관한 사회적 연구』 특집호의 서문에서 나는 열정적으로—현재의 나는 이 열정에 깜짝

놀란다—다음과 같이 썼다.

> 탈식민주의적 관점은 자본주의와 과학을 둘러싼 정치경제학적 변화, 전 지구적인 것과 지역적인 것의 상호 재편, 사람들과 실천들과 기술들의 트랜스내셔널한 이동, 그리고 "지적 재산권"을 둘러싼 최근의 분쟁들을 새롭게 연구할 수 있는 방법들을 제공한다. (…) 우리는 과학학과 탈식민주의 연구를 긴밀하게 연계함으로써, 다른 방식으로 테크노사이언스를 질문에 붙일 수 있게 되기를, 더 이질적인 자원들을 찾을 수 있기를, 전 지구적이거나 또는 보편주의적 주장들을 가능케 할지도 모를 지역적 상호작용들의 패턴들을 보다 전면적으로 밝혀낼 수 있기를 희망한다.[28]

그리고 나서 나는 내가 각각 식민주의 비평, 탈식민주의 이론, 그리고 근대성 혹은 개발의 인류학이라는 새롭게 떠오르는 비판적 접근법을 간략하게 소개한 후, 이러한 프로젝트들과 관련하여 다소간 의구심이 드는 부분들을 정리했다. 가끔씩 만약 내가 이 세 방향의 수수께끼 같은 스타일들을 조금 더

꼼꼼하게 과학학의 전통적인 접근법들과 연결시켰다면 해당 논문이 더 성공적인 글이 되지 않았을까 생각하곤 한다. 그러나 전체적으로 그 글에서의 주장은 여전히 상당한 힘과 적절성을 가지고 있다고 믿는다. 또한 특집호에 수록된 다른 여러 논문들은 경험적·이론적으로 "테크노사이언스의 네트워크들의 지역성, "전 지구성"을 생산하는 특정한 위치성, 대체와 축출과 재조정의 트랜스내셔널한 과정들, 테크노사이언스의 분열성과 혼종성"에 관한 우리의 이해를 확실히 증진시켰다고 생각한다.[29]

이티 에이브러햄은 나의 탈식민주의적 횡설수설에 대해 사려 깊은 반응을 보여주었다. 에이브러햄은 "지역 지식 실천들의 위치지어짐과 다른 공간으로의 이동을 모두 이해하고자" 하는 부분은 지지해 마지않았다. 그러나 그는 그의 표현에 따르자면 탈식민주의적이라는 것이 "서로 다른 지식들의 충돌과 대안적인 근대성들의 형성을 이해하기 위한 시도"로 이해될 수 있다는 점에 대해 심각한 우려를 표명했다. 그는 "탈식민주의가 (…) 특수하고 환원불가능한 지식을 주장하기 위한 어떤 특정한 장소와 연결될 때, 그것이 지식과 장소를 묶어 하나의 본질적이고 단일한 특성을 만들어내는 존재론을 옹호"하게 될 것이라는 점을 걱정했다.[30] 나는 우리가 결코 근대적이었던 적이 없다는 라투르의 말을 살짝 비틀어 "우리는 이토록 수많은 근대적인 것들을 생각해본 일이 없다"라고 주장했다. 이때 나는 대안적 근대성들, 새로운 근대성들, 원주민적 근대성들 등등을 염두에 두고 있었다.[31] 이 증식하는 "근대성들"이 나에게는 얼마나 복잡하고, 혼종적이고, 부분적이며, 상충적으로 보이는지 내가 더 잘 설명했었다면 좋았을 것이다. 에이브러햄의 비판은 그러므로 종족 과학들을 본질화하거나 어떤 구체적인 장소에 국한된 사유 스타일들을 제시하고자 하는 경향이 있는 일부 탈식민주의 연구자들에 대해 훨씬 더 잘 적용될 수 있을 것 같다. 인도라는 공간에서 글을 쓰는 에이브러햄은 존재론의 문제를 탈식민주의 과학학과 분리해야 할 필요성을 날카롭게 파악했다. 그는 우리가 자신들만의 특별한 근대성을 주장하는 힌두 민족주의자들을 옹호하는 방향으로 빠지지 않도록 경종을 울렸던 것이다. 그러나 호주의 욜릉구 사람들과 함께 글을 쓰는 헬렌 베런은 원주민 지식을 본질화하는 것이 상당히 다른 정치를 수행할 수 있다고 여길지도 모르겠다. 여기서의 전략적인 본질화는 민족주의를 위한 것이라기보다는 비식민화를 위한 전술일 수 있다.[32] 아마도 우리는 이 논쟁을 탈식민주의 연구 내에서 인도라는 대국이 지방화되어야 할 필요성을, 혹은 에이브러햄의 더욱 일반적인 요청대로 탈식민주의적 분석을 정치적이고 제도적인 맥락 속에 더 잘 위치시켜야할 필요성을 보여주는 또 하나의 사례로 이해할 수 있을 것이다.

그 이후 빈센 애덤스와 내가 탈식민주의 과학학을 논했을 때, 탈식민주의 이론의 고전들을 향한 우리의 열망은 완전히 사라진 건 아니었지만 상대적으로 줄어들어 있었다. 실제로 우리는 에드워드 사이드의 "이동하는 이론$_{\text{theory}}^{\text{traveling}}$"이라는 개념 정도에만 계속 천착하기로 했다. 이를 통해 사이드는 일종의 비판적인 공간의식을 옹호했으며, 특히 서구 문화가 갖는 공간적 독점권과 그에 대한 저항들을 강조했다. 제국주의 프로젝트가 좌초함에 따라, 또는 적어도 "하나의 소리^{univocal}"가 아닌 "여러 가락의 소리^{contrapuntal}"로 들리게 됨에 따라, "통합력을 갖는, 스스로를 보편화하며, 무언가를 전체화하는 제국의 요소들이 힘과 효력을 잃었다."[33] 애덤스와 나는 이렇게 느꼈다.

따라서 테크노사이언스의 장소들을 다중화할 필요가 있는 것이다. 그렇게 함으로써 감춰진 지리적 특성들과 권력관계를 드러내고 인정해야 한다. 또한 장소들 사이의 이동의 메커니즘과 그 형태에 관해 추가적으로 연구해야 한다. 이는 곧 축출, 변형, 저항에 대해, 부분적으로는 순정하고 부분적으로는 혼종적인 형태들과 정체성들에 대해, 경계들에 관한 경합과 협상에 대해, 우리가 민감해야 한다는 의미이며, 과학의 실천들은 언제나 여러 장소와 관련 있다는 것을 인정한다는 의미이다.[34]

우리는 더 나아가 탈식민주의적 분석이 "모든 종류의 접촉지대를 이해하기 위한, 그리고 상이한 문화들과 사회적 위치들 간에 발생하는—심지어 서유럽과 북미의 서로 다른 실험실들과 전문 분과들 간에도 발생할 수 있는—불균등하고 혼란스러운 번역들과 상호작용들을 파악하기 위한, 하나의 포용적이고 유연한 프레임"을 제공한다고 주장했다.[35] 이 지점에서 우리는 "무언의 피진어(wordless pidgins)"와 "무언의 크리올들(wordless creoles)"이라는 피터 갤리슨의 분석

범주들을 인용할 수도 있었을 것이다. 거대 과학이라는 "거래지대$_{zones}^{trading}$" 내부의 의사소통을 가능케 해주는 이러한 범주들은 갤리슨이 태평양에 관한 탈식민주의적 인류학 연구들로부터 영감을 받아 창안한 개념들이었다.[36]

분명 우리는 부분적으로나마 탈식민주의 연구의 문학적 추상성에 대한 널리 퍼진 비판에 반응하고 있었으며, 탈식민주의적 상황들에 대해 더 조밀하게 인류학적·역사학적으로 개입하는 방향으로 선회해 나갔다.[37] 다만 우리는 서로 다른 분석 스타일들이 완전히 양립불가능하다고 여기는 비판자들을 신뢰하지 않았다. 대신 우리는 모종의 행복한 혼종적 타협을 상상하기로 했다. 우리는 접촉지대에서 발생하는 상호작용과 변화들에 대한 새로운 민족지학적 증거에 흥미를 느꼈으며, 이러한 연구들은 테크노사이언스를 포함하는 "전 지구적 프로젝트들"이 갖는 복잡한 지역 차원의 정치적 맥락을 보여주고 있다고 생각했다. 인류학자 애나 칭과 마찬가지로, 우리도 "규모-만들기$_{making}^{scale-}$"의 문화와 정치에 대해 더 많이 탐구하기를, 이러한 전 지구적 프로젝트 안에서 생겨나는 새로운 형태의 주체성과 행위능력—즉, 새로운 흐름만큼이나 새로운 공간적 구별짓기—에 더 집중하기를 촉구했다. 칭은 다음과 같이 말했다. "행성 전체를 아우르는 상호연결들을 이해하기 위해서는 (…) 전 지구를 지향하는 프로젝트들과 꿈들의 모순적이지만 흡입력 있는 논리들과 혼란스럽지만 효과적이기도 한 만남들과 번역들뿐만 아니라, 그 고유한 지역성까지도 식별하고 특정하는 작업이 요구된다."[38]

나는 쿠루kuru라는 질병이 과학적으로 연구되는 트랜스내셔널한 과정을 다룬 내 두 번째 연구서가 어떻게든 재미있는 읽을거리로 비춰졌으면 했다. 그러나 어쨌든 『상실된 영혼의 수집가들 *The Collectors of Lost Souls*』은 탈식민주의적 테크노사이언스 연구의 한 사례로서 설계된 작업이었다. 이 책에서 나는 식민지 뉴기니에서의 과학적 교환을 둘러싼 물질문화를 재구성하고자 했다. 그와 동시에, 그 과정 속에 필연적으로 존재했던 불평등한 관계성과 오랫동안 고립되어 왔던 뉴기니 공동체 특유의 가치 판단과 관련된 당혹스러운 모호성과 복잡성을 인정하고 드러내려 했다. 더 나아가 동쪽으로는 태평양을 가로질러 신식민주의 제국인 미국을 향하고 남쪽으로는 옛 식민 모국 호주를 향하는—그리고 다시 뉴기니로 되돌아오는—과학적 사물들의 교환 경로들을 새로이 보고 싶었다. 이러한 견지에서 멜라네시아에 관한 인류학의 통찰을 과학자들과 관료들에게 적용함으로써 현대의 쿨라 고리들$_{rings}^{kula}$과 여타의 장거리 교환 관계를 추적했다. 뉴기니 및 세계 곳곳의 다른 무대 위에서 나는 마법사로서의 과학자나 코스모폴리탄적인 "원시인"과 같은 다양한 혼종적 페르소나를 가진 인물들의 모습을 포착했다. 무엇보다 나는 "일군의 특수한 지역적 성취들이 상호 조합되어 전 지구적인 과학인 것처럼 보이는 어떤 것으로 변해가는 과정을 관찰"하려고 노력했다.[39] 그러나 인정하건대 내가 식인 풍습, 마법, 뇌를 손상시키는 단백질, 노벨상, 광우병, 성추행의 이야기들로 독자들의 주의를 분산시켰던 것 같다.

"과학과 세계화"는 사실상
식민주의적 과거를 망각했다

과학기술에 대한 진지한 논자들은 21세기에 들어 새로운 영역을 개척하고 있다. 세계화의 특징과 그 결과들을 조명하기 위한 새로운 노력들을 기울이고 있는 것이다. 그러나 이러한 학자들이 탈식민주의적 분석을 진지하게 수용하거나 혹은 자신들의 작업 속에서 탈식민주의를 명시적으로 거론하는 경우는 거의 찾아볼 수 없다. 개중 일부는 형식적인 탈식민주의적 접근들—지배와 복종에 관한 단순 이론으로 환원된—을 식민주의 담론의 엉성한 재탕으로 간주하는 사람들도 있는 것 같다. 이에 따라 이들은 더 "복잡한" 분석들을 선택하겠다고 천명하는데, 대체로 이렇게 선택된 대안들이 역설적이게도 진정으로 탈식민주의적일 때가 있다. 정작 본인들은 이를 인정하지 않지만 말이다. 또 다른 일군의 학자들은 테크노사이언스의 등장과 그 새로움에만 지나치게 집중하고 있다. 이들은 따라서 20세기 말이 그 이전 시대의 어떠한 조건과도 근본적으로 다르다고 가정하면서, 현대 테크노사이언스의 흐름을 대단히 긍정적이고 전례 없는 것으로 묘사한다.[40]

표준화 및 분류의 역사들을 다룬 제프리 바우커와 수잔 리 스타의 연구는 근래의 가장 중요한 과학학 연구 성과 중 하나라고 할 수 있다. 바우커와 스타가 국제 질병 분류 체계(the International Classification of Disease, ICD)를 중심으로 분석한 내용들은 널리 적용될 수 있는 정보 처리의 메커니즘들에 관한 것이었다. 그들은 다음과 같이 말한다. "ICD에 대한 단순하고 다소 억지스러운 이해는 (…) 이 체계가 제국주의 시대에 고안되었던 것이며, 서구적 관점에서 질병을 제국주의적으로 읽어내는 방식을 세계 나머지 지역에 부과하는 과정을 촉진시켰다는 것이다." 바우커와 스타는 이와 같은 속된 탈식민주의적 버전의 이야기보다 "더 미묘한 이야기"를 제공하겠다고 약속한다. 그 골자는 ICD가 "근대국가 형성에 있어 일정한 역할을 수행"했다는 것이다.[41] 『사물들을 분류하기(Sorting Things Out)』는 확실히 "정보 체계의 구축과 국가 건설"에 대해 복잡하고 깊이 있는 설명을 제공한다. 그러나 저자들이 더 철저하고 호의적으로 탈식민주의적 접근법들—특히 정보 수집에 관한 연구의 확산과 식민주의 국가에 관한—과 연계했더라면, 그 분석의 예봉이 더욱 날카로워졌을 것이며, 더 많은 사람들이 비판적이고 탈식민주의적이라 할 만한 저자들의 주장에 강한 지지를 보냈을 것이다.

생명자본과 생체조직의 경제(biocapital and tissue economies)에 관한

연구들이 지난 몇 년 간 새롭고 흥미로운 연구 분야를 열어젖히며 과학학을 쇄신하고 있다. 예를 들어, 카우시크 순데르 라잔은 미국 기업과 인도 관료제에 관한 민족지학을 수행하여 "생명자본의 전 지구적 지형"을, 다시 말해 인간의 생물학적 가치에 대한 근대 자본주의적 착취의 실상을 밝혀냈다. 순데르 라잔은 자신의 연구의 대상이 되는 인물들이 민족국가를 "기업화"함에 따라 "식민지 수탈"을 "산업 절도"로 대체했다고 본다.[42] 물론 이 대체와 누락의 사례 및 여타 유사한 예들은 지독하게 흥미로우며 탈식민주의적 분석의 대상이 되기에 충분하다. 그러나 순데르 라잔은 복고풍의 마르크스주의적 프레임을 선호하며, 마르크스라는 신뢰할 수 있는 고전에 입각하여 탈식민주의와는 다른 방향으로 분석을 끌고 나간다. 그럼에도 그는 남아시아의 조건 하에서 "자원을 추출하고 전 지구적 불평등을 만들어내는 매우 오래된 패턴들이 존재"한다는 점을 인정하고 있다. "비록 그러한 패턴들이 새로운 방식으로 표현되기도 하고 또 간혹 저항에 부딪치기도 했지만 말이다." 순데르 라잔은 매우 광범위하게 칼 마르크스를 읽어냈다. 그러나 마르크스가 식민주의에 무관심했다는 잘 알려진 사실을 감안할 때, 그가 최소 제국주의에 관한 블라디미르 레닌의 저작들을 몇 편 정도라도 보충했더라면 더 좋았을 것이다. 순데르 라잔은 말한다. "테크노사이언스의 윤리적·정치적 지형이 (…) 점점 더 그것의 전 지구적 영향력의 범위에 의해 좌우되고 있으며, 따라서 이러한 지형을 설명하기 위해서는 전 지구적 상호작용과 조우를 진지하게 고려할 수 있는 일련의 도구들이 필요하다."[43] 맞는 말이다. 그렇다면 탈식민주의의 도구들이 유용할 수 있지 않을까?

영리하고 도발적인 책 『인체조직 경제$^{Tissue}_{Economies}$』에서 캐서린 월드비와 로버트 미첼은 다음과 같이 묻는다. "전 지구적 생체조직 경제의 팽창과 복잡화가 만들어낸 트랜스내셔널하고 다양한 상호작용을 어떻게 특징지을 수 있을까?"[44] 월드비와 미첼은 영국과 미국을 대상으로 인체조직의 가치평가와 교환방식의 패턴 변화를 살펴본다. 이 과정에서 저자들은 선물의 범주와 상품의 범주의 경계를 흐트러뜨리고 기술적 뒤엉킴과 "시민권의 사회적 경제"를 강조한다. 그들은 "점점 더 전 지구화되는 인체조직 거래의 속성"을 탐구하면서, 탈영토화하는 흐름들과 더불어 여전히 건재한 민족국가들의 규제 역량에 의해 만들어진 일종의 소용돌이들을 주의 깊게 추적한다.[45] 그러나 월드비와 미첼의 내러티브는 종종 과거와의 단절, 혹은 적어도 어떠한 탈식민주의적 아포리아$^{postcolonial}_{aporia}$를 암시하는데, 이는 저자들의 분석을 역사적으로 나이브하게, 의도했던 것보다 덜 강력하게 만들어 버리고 만다.

세계화라는 현상의 주변에서 어른거리고 있는 탈식민주의의 망령을 인정하고 그것과 직접적으로 대면하기를 꺼려한다는 상황―혹은 타협적이지 않은 비판적 탈식민주의를 활성화하는 데에 실패하고 있다는 상황―은 과학기술학에만 국한되지 않는다. 세계화에 관한 일반 연구들은 많은 경우 일종의 기술결정론―새로운 정보통신 및 교통 기술을 물신화하는 태도―을 토머스 쿤$^{Thomas}_{Kuhn}$의 패러다임 전환론과 손쉽게 결합시킨다. 이 불운한 조합은 과학학이 여태껏 긍정하기보다는 해체하고자 했던 것이다. 세계화 일반에 대한 연구 가운데 유명한 저작을 예로 들어보자. 『고삐 풀린 현대성$^{Modernity}_{at\ Large}$』에서 아르준 아파두라이는 근래에 어떻게 전자매체와 세계적인 이주의 패턴이 "상상력의 작동"을 새로운 방향으로 유도하고 있는지, 다시 말해 어떻게 상상력이 과거의 민족국가적 공간들이 아니라 일종의 디아스포라적 공론장을 중심으로 전개되고 있는지 분석한다.[46] 세계화가 세계의 다양한 문화들을 동질화시킬 것이라고 주장하는 다른 많은 이론가들과 달리, 아파두라이는 사람, 미디어, 기술, 금융, 이데올로기를 둘러싼 불균등한 문화적 흐름에 의해 전 지구적인 문화의 경제가 점점 더 이질적으로, 또 경쟁을 통해 더 다채롭게 변하고 있다고 주장한다. 그에 따르면, 집단 정체성이 이처럼 민족국가를 초월하여 탈영토화되는 것은 하나의 코스모폴리탄적인 과정에 다름 아니며, 그 전례를 찾아볼 수 없는 새롭고 급진적인 현상이다. 그러나 이처럼 대담하게 전무후무함을 주장하고 있음에도, 이와는 잘 들어맞지 않은 많은 인도의 사례 연구들—특히 크리켓 게임cricket과 통계 기법enumeration에 관한 사례들—이 이 책에는 다소 어색하게 병존하고 있다. 어느 지점에선가 그는 "오늘의 세계는 새로운 질서 아래 강렬한 상호작용을 수반"한다고 주장한다. 그러나 그의 책 뒷부분에서 우리는 아파두라이가 억압된 식민주의적인 것의 귀환을 논하고 있음을 발견하게 된다. 그는 마지못해 다음과 같이 인정한다. "식민주의적 시선과 그것에 결부된 기법들이 인도의 정치적 의식 위에 지울

수 없는 흔적을 남겼다는 점은 (…) 사실이다." 다른
부분에서는 또 이렇게 말한다. "식민주의의 모순들
위에서 형성된 인도인들의 주체성은 여전히 모호하고
또 위험하다."[47] 또 다른 데에서 아파두라이는 자신이
"민족국가의 주권에 위협이 되는 새로운 위기의 확실한
징표로 세계화를 인식하는 경향이 있는 분석가들 중 한
명"이라고 말한다. 그러나 그는 또 다시 세계화가
"세계의 많은 지역에서 제국, 무역, 정치적 지배라는
과거의 논리들을" 확장하는 방향으로 작동하고 있다는
점을 인정하기도 한다.[48] 따라서 아파두라이와 같은
기민한 관찰자들은 세계화의 전 지구적 흐름들은
필연적으로 계속 탈식민주의적 저항에 직면하게 될
수밖에 없다는 점을 놓치지 않는다.

    1990년대에 스튜어트 홀은 탈식민주의 연구와
현대 전 지구적 자본주의에 대한 비판적 분석이
공통의 지반을 갖고 있음에도 불구하고 서로 거리를
두고 있다고 한탄했다.[49] 애석하게도 바로 이러한
단절이 과학기술의 세계화에 대한 최근의 설명에
대해서도 종종 되풀이되는 것처럼 보이며, "문화 대
경제"라는 생산적이지 못한 거짓 이분법을 재생산하고
있다. 그러나 아니아 룸바 등이 주장하듯, 우리는

세계화를 "근대 자본주의와 식민주의의 세계체제의 연장으로서, 또한 동시에 국가 단위 행위자들과 트랜스내셔널한 행위자들, 자본과 노동, 공급자와 시장, NGO와 국제기구들의 복잡한 모습을 보여주는 더욱 새로운 네트워크로서" 이해할 수 있어야 한다. 그들은 탈식민주의 연구가 "세계화라는 지배적인 개념이 탄생하기 전부터 존재했으며, 때로는 세계화 개념 내부에서 작용하고, 때로는 그에 대항하여 작용하는 하나의 비판적인 압력"으로 간주될 수 있다고 주장한다. 그들은 특히 탈식민주의적 인류학을 통해 "주요 관심사들의 총집합이라 할만 것"을 발견할 수 있다고 생각한다. 여기서 주요 관심사들이란 "당연시되는 지정학적인 범주들을 불안정하게 만드는 것, 권력의 서구적 형태들을 비판적으로 조명하는 것, 전 지구적 불평등과 그것이 어떻게 지역적으로 발현되는지 살펴보는 것, 그리고 서발턴의 목소리들을 긍정하고 회복시키는 것이다."[50] 내가 보기에 이러한 묘사는 탈식민주의적 과학학 가운데 가장 주목할 만한 작업에 대해서도 충분히 적용될 수 있다. 뿐만 아니라, 앞으로 나타날 더 많은 연구들을 위한 좋은 지침으로도 볼 수 있을 것이다.

Warwick Anderson, "Asia as Method in Science and Technology Studies," *East Asian Science, Technology and Society* 6 (2012): 445–451.

3 과학기술학의 방법으로서의 아시아

쓰카하라 토고는 지난 20년 동안 일본 과학기술학 연구의 성장을 뒤돌아보며 다음과 같이 물었다. "학자들은 여전히 서구의 지적 프레임에 의존하고 있는가? 아니면 독자적인 학문을 발전시키고 있는가?"[1] 동아시아에서 STS 분야의 선구자 중 한 명인 쓰카하라는 일본 "지식인들의 식민주의적이고 서구의존적인 속성"을 지적하며 "비판적 검토 없이 서구의 이론적 프레임들이 그저 번역되고 "소개"되고 있는" 상황을 한탄했다.[2] 1990년대 초부터 일본, 타이완, 한국에서 과학기술학 연구가 성행하자 여러 대학의 연구센터, 개별국가 및 아시아 차원의 네트워크, 각종 학술지(『동아시아 과학기술과 사회 *East Asian Science, Technology and Society, EASTS*』 포함), 정기적인 학회 등이 탄생했고, 이러한 흐름은 2010년 도쿄에서 개최된 과학에 관한 사회적 연구 학회Society for Social Studies of Science, 이하 4S 연례행사로 귀결되었다. 싱가포르 국립대학교에서 STS 연구를 주도하고 있는 그레고리 클랜시에 따르면, "이용할 만한 경험적 자료는 이미 그곳(아시아)에 있으며, STS 항목rubric 아래에서 활동 중인 연구자들이 점점 더 많이 이러한 자료들을 이용하고 있다."[3] 분명히 클랜시는 **항목**이라는 용어를 일련의 지시사항instructions이나 관례적 실천customary practice이 아닌 주제heading 혹은 범주category의 의미로 사용한 것이었다. 그런데 이 항목 아래에서 도대체 어떤 일이 벌어지고 있는가? 우리는 그저 아시아의 자료를 바탕으로 지금까지 하던 대로 STS에 참여하고 있는 것인가? 아니면 STS가 지역적으로 실천되는 과정에서 동아시아적인 이론이 등장하고 있는 것인가? 우리는 STS의 "방법으로서의 아시아Asia as method"를 상상할 수 있는가?

몇몇 남아시아 STS 학자들이 이미 자신들이 할 수 있는 모든 작업들을 끝내놓았기 때문에 우리가 더 상상할 만한 것이 남아 있지 않다고 주장할지도 모르겠다. 일찍이 1970년대부터 과학, 기술, 의학이 인도에서 갖는 위상과 의미에 대해 활발한 토론이 이루어졌으며, 그 대부분이 특유의 간디주의적 Gandhian이고 탈식민주의적인 프레임 안에서 진행되었다. 그러나 최근까지도 이러한 인도학 연구와 인도 아대륙을 넘어서는 공식적인 STS와의 관계는 자못 취약하고 파편화되어 있는 것처럼 보인다. 우리는 바로 이 단절에 대해 더 생각해볼 필요가 있다. 과연 샌드라 하딩이 주장하는 것처럼,[4] 아시스 난디, 시브 비스바나단Shiv Visvanathan, 반다나 시바 등 서구 과학기술에 비판적인 인도 출신 학자들이 지역적 관점에서 STS를 검토하며 STS라는 분야 자체를 변모시키고 있다는 명제는 성립 가능한 것인가?[5] 그들은 인도의 전통과 유럽 과학을, 상충하는 주체성들과 대안적 근대성들을, 신식민주의적 헤게모니와 사회적 부정의를 독특하게 한데 묶어냄으로써 남아시아적인 STS를 창조할 수 있을 것인가? 하딩은 남아시아학을 활용하여 서구에서 두드러지는 "제국주의적이고, 폭력적이며, 소비적이며, 소유에 집착하는 개인주의적 경향들"과 대별되는 "제3세계의 민주주의적이고 평화적으로 생활을 영위하는 공동체적 경향들"을 제시하고자 했다.[6] 한편, 비슷한 시기에 이티 에이브러햄은 과학과 기술을

"상이한 지식들의 충돌과 대안적 근대성들의 형성을 이해하기 위한 장소"로 인식하는 것—하딩이 격하게 지지하는 방식대로—이 남아시아 지역에서 갖게 되는 정치적 함의가 무엇인지 묻는다.[7] 에이브러햄은 앞서 언급된 저자들의 비판적인 의도에도 불구하고 그들의 존재론적인 주장들은 민족주의적 세력에 의해 쉽게 왜곡되고 또 이용당할 수 있다고 본다.[8] 분명 과학기술의 정치학은 인도의 맥락에서 특수한 지적 형태를 취하며 특별한 울림을 갖는다. 그러나 우리가 이러한 연구 모델을 남아시아만의 고유한 지적·정치적 작업으로 인정할 수 있다고 가정하더라도, 여전히 많은 이들은 그것을 과학학의 일반 모델로서 받아들이기를 지속적으로 거부하고 있는 것처럼 보인다. 아마도 부분적으로 이는 비인도학 연구자들이 인도학 연구자들에게 관심을 갖는 만큼 굳이 인도학 연구자들이 비인도학 연구자들에게 관심을 갖지 않을 것이라 우려하기 때문일 것이다.

남아시아와는 대조적으로, 동아시아 과학학 커뮤니티와 서구의 STS 학자들 사이의 연결고리는 더 조심스럽게 형성되었으며 서로를 지원하는 것처럼 보인다. 그러나 이처럼 유쾌한 관계맺음의 대가로 동아시아 학자들이 자기결정권을 포기했던 것은 아닐까? 더 도발적으로 이야기하자면, 동아시아의 STS에는 신식민주의적 요소가 도사리고 있는 것은 아닐까? 푸다웨이傅大爲와 천루이린陳瑞麟은 동아시아적인 STS 이론을 관철해낼 때 얻을 수 있는 가능성은 무엇인지 물었다.[9] 이 모든 질문들은 신자유주의적 세계화라는 조건 하에서 비판적인 학문을 상상하는 것—이는 실로 북대서양 연안 바깥에 있는 우리 같은 학자들에게 특히 시급한 문제이다—이 얼마나 어려운 일인지 암시하고 있다.

물론 "방법으로서의 아시아"라는 문제가 등장했던 시점은 동아시아에서 STS가 발전하기 시작했던 시기보다 앞선다. 다케우치 요시미竹內好는 다음과 같이 썼다. "나는 그것들(아시아적 가치들)이 방법, 즉 주체의 자기형성 과정이 될 수 있지 않을까 생각한다. (…) 나는 이를 "방법으로서의 아시아"라고 부른다. 그러나 이것이 정확히 무엇을 의미하는지 말하는 것은 불가능하다."[10] 중국 작가 루쉰 전문가였던 일본인 다케우치는 아시아의 근대성이 식민주의적 근대성의 아류였으며, 따라서 아시아는 유럽과 유럽의 헤게모니를 해체함으로써 근대화를 향한 대안 경로를

85

찾아야 한다고 믿었다. 그러므로 "방법으로서의 아시아"는 새로운 행위능력^{agency}과 주체성의 비전을 식민주의적 근대성과의 비판적 관계 속에서 제시하는 것이었다. 그것은 기존의 "아시아적 가치들"이나 여타의 동아시아적 존재론들을 마냥 옹호하지 않는다.[11] "방법으로서의 아시아"는 단순히 서구를 부정한다기보다는, 서구와 보다 동등한 방식으로 관계를 맺으려는 전략에 관한 고민이었다. 다케우치는 "동양은 서구를 다시 포용해야 하며, 서구의 뛰어난 문화적 가치를 더 거대한 규모로 실현시키기 위해 서구 그 자체를 변화시켜야 한다. 이러한 문화와 가치관의 역류^{rollback}가 결국 보편성을 만들어낼 것이다. 즉, 동양은 서구가 생산한 보편적 가치들을 더욱 고양시키기 위해 서구를 변화시켜야 하는 것이다. 바로 이것이 동서양의 관계와 관련하여 오늘날 우리가 직면하고 있는 주요 문제이며, 동시에 이는 하나의 정치적이고 문화적인 문제이다."[12] 다케우치가 합리주의적 목적론$^{rationalist}_{teleology}$을 답습하고 있었다는 점에는 의문의 여지가 없으며, 오리엔탈리즘의 범주들에 무비판적이었지만, 그럼에도 일련의 이질적인 질문들을 제기하고 있었다. 그렇지 않다면 적어도 질문하는 존재들^{questioners}을 드러내고 있었다.

보다 최근에 "방법으로서의 아시아"라는 문제에 천착한 학자로 타이완의 문화학 연구자 천광싱^{陳光興}을 꼽을 수 있다. 그는 다음과 같이 말한다. "아시아의 여러 사회들은 아시아를 상상의 고정점^{imaginary anchoring point}으로 사용하여 서로가 서로에 대한 참조점이 될 수 있으며, 그렇게 함으로써 자기 이해를 새롭게 할 수 있고 또 주체성을 재건할 수 있다."[13] 이러한 프로젝트는 결국 "이론"의 "비제국주의화"를 필요로 한다.[14] 천광싱은 동아시아 지역에서 민족주의와 토착주의에 몰두하는 흐름을 일축하고, 대신 서발턴적이거나 "제3세계적"인 의식―혹은 그가 "지리-식민주의 역사유물론^{geocolonial historical materialism}"이라고 부르는 분석틀―을 개발할 것을 요청한다.[15] 그는 아시아 지식인들에게 스스로의 포스트모던한 지리적 위치와 탈식민주의적인 역사적 조건을 직시할 것을 촉구한다. 이러한 주장은 과거 냉전 논리에 의해 중단되었던 하나의 과정, 즉 아시아적 주체성들을 비식민화하는 과정의 가능성을 열어준다. 프란츠 파농, 옥타브 마노니^{Octave Mannoni}, 아시스 난디가 주창한 탈식민주의적 비판으로부터 영감을 얻은 천광싱은 아시아 지식인들에게 자신들의 위상이 구미 제국주의 및 동아시아 내부 식민주의 하에서 형성되어 왔다는 점을 비판적으로 검토할 것을 촉구한다. 그들은 너무 오랫동안 방법으로서의 서구$^{West\ as}_{method}$를 무비판적으로 사용해 왔다. 그리하여 "여러 아시아인들이 서로를 지적으로 알아갈 수 있는 기회들이 북미와 유럽을 지향하는 욕망의 구조에 의해 종종 차단되어 왔다."[16] 그렇다면 방법으로서의 아시아의 과제는 "우리의 주체성과 세계관을 사유하기 위한 준거의 틀을 다중화함으로써, 서구적인 것을 둘러싼 불안이 희석될 수 있도록, 생산적이고 비판적인 작업이 진전될 수 있도록 하는 것"이다.[17]

천광싱은 미조구치 유조^{溝口雄三}의 "방법으로서의 중국$^{China\ as}_{method}$"과 같은 더 협소하고 토착적인 주장과 자신의 "방법으로서의 아시아"를 신중하게 구별하고 있다.[18] 미조구치는 중국을 제유^{synecdoche}로 삼아, 일본을 아시아 내부에 위치시키고 일본이 유럽과 북미를 향해 이탈하는 흐름에 제동을 걸고자 했다. 참고로 다케우치가 아시아를 하나의 과정으로 사유하려 했다면, 미조구치는 또 하나의 민족적 근대성이라는 피난처를 찾는 편이 더 현실적인 생각이라고 믿었다. 그러한 피난처는 서구를 부인하는 것처럼 보이는 어떠한 고정된 실체로서의 아시아를 대변할 수 있을 터였다. 그러나 천광싱마저도 이따금 이러한 아시아적 혹은 중국적 본질주의의 유혹에 빠지고 있는 것 같다. 비록 아시아의 이질성을 거론하지만, 예컨대 동남아시아는 그가 말하는 아시아라는 삶의 공간에서 배제되어 있다. 여기서 아시아는 사실상 동북아시아 또는 중화권 동아시아로 환원된다. 천광싱은 "아시아의 비판적인 지식인 그룹의 구성원들은 민족국가의 경계선을 넘어, 새로운 조건에 부합하는 담론들을 발전시키고, 새로운 논의의 분위기를 창조하며, 새로운 가능성들을 상상할 역량을 잘 갖추고 있다"라고 본다.[19] 그러나 그는 과연 누가 이 아시아 엘리트 클럽에 가입할 자격이 있는가라는 질문에는 대답하지 않는다. 다시 말해, 종종 천광싱의 내러티브 속에서 다케우치의 영향과 미조구치의 영향이 서로 충돌하고 있는 것처럼 보인다. 그러나 결국에는 "비판적 혼합론$_{\text{syncretism}}^{\text{critical}}$"에 대한 옹호가 우위를 점한다. 이러한 의미에서 천광싱은 "자아의 주체성 안으로 타자들의 요소들을 적극적으로 내재화하기 위해" 노력해야 한다고 권유한다.[20] 그는 다음과 같이 말한다. "근대성이 지역 차원에서 형성되는 과정에서 서구의 주요 요소들이 운반된다. 그러나 이것이 완전히 닫힌 과정은 아니다." 그러므로 서구적인 것은 이러한 문화적 미적분$^{\text{the cultural}}_{\text{calculus}}$의 과정을 거치며 탈락되는 것이 아니라 "여러 문화적 자원들 중 하나"가 된다.[21] 이렇게 아시아는 하나의 정신 상태로서, 하나의 주체의 위치로서 대단히 코스모폴리탄적이고 이질적이며 혼종적인 것이 된다.

궁극적으로 이러한 주장의 수용 여부는 우리가 아시아를 어떻게 생각하느냐에 달려 있다. 중국 문학사 연구자 왕후이汪暉는 "아시아"가 유럽의 관념으로서, 몽테스키외, 애덤 스미스, 헤겔, 마르크스의 저작 속에서 주로 유럽의 자기구성에 유용한 하나의 형상으로서 처음 등장했다고 설명한다.[22] 또한 지리적 범주이자 문명의 형태로서의 아시아는 "동양적 전제주의", "아시아적 생산양식", "수력 사회^{hydraulic}", "유교", "아시아적 가치" 등으로 다양하게 규정되었다. 이러한 기표들은 모두 오리엔탈리즘과 아시아 예외주의의 잘 알려진 메들리에 다름 아니었다.[23] 한편 아시아에 대한 아시아 현지에서의 상상은 민족주의적 열망과 얽혀 있었다. 이를 가장 선명하게 보여주는 사례로는 쑨원孫文이 1924년 일본 고베에서 진행한

"대아시아주의$_{\text{Asianism}}^{\text{Great}}$" 연설을 꼽을 수 있다. 이는 민족국가들로 구성된 일종의 확대된 아시아를 예고하는 전조가 되었다. 보다 최근에는 민족국가 단위의 절대 주권을 극복하기 위한 수단으로 아시아가 상상되기도 한다.[24] 왕후이가 유려하게 결론지었듯, 아시아라는 관념은 "식민주의자들의 것이면서 동시에 반식민주의자들의 것이기도 하다. 보수적이기도 하고 혁명적이기도 하다. 민족주의적이기도 하고 국제적이기도 하다. 유럽에서 발원했지만 도리어 유럽의 자기 이미지를 변화시키기도 한다. 또 민족국가와 제국 모두의 비전들과 긴밀하게 연결되어 있다. 하나의 비유럽적 문명 개념이며, 지정학적 관계 속에서 확립된 지리적 범주이기도 하다."[25] 왕후이에 따르면, 상상된 아시아$_{\text{Asia}}^{\text{imagined}}$는 "자족적인 주체도 종속된 대상도 아니다."[26] 다시 말해, 경계가 명확하고 자기완성적인 것도 아니고, 단순히 관계적이기만 한 것도 아니다. 아시아의 다중성은 그것의 의미를 특정한 무언가로 환원하려는 수없이 많은 본질주의적 노력과 더불어 더욱 폭발적으로 증가한다.[27] 그럼에도 사카이 나오키는 坂井直樹 "서구, 아시아, 유럽 등등 문명 단위의 고정적인 이름들은 어떻게 여전히 오늘날까지

작동하고 있는 것인가"라고 하소연하듯 묻는다.[28]
"이 문명의 주문으로부터 우리 스스로를 해방시키기"가
왜 이토록 어려울까?[29]

이 지점에서 최초의 질문으로 돌아가자.
방법으로서의 아시아는 과학기술학에 있어 무엇을
의미하는가? 우선 확실히 그것은 "지식 세계의 넓은
윤곽들과 거시적인 특징들을 묘사함에 있어 (…)
서구라는 "옛 주인"의 이론적 권위"에 도전한다는 것을
의미할 것이다.[30] 또한 무엇보다도 더 광범위하게
적용될 수 있는 STS 이론을 개발하는 아시아의
연구자들과 활동가들을 의미한다. 문화학 분야의
연구자들은 『포지션스: 아시아 비평 *positions: asia critique*』과
『간-아시아 문화학 *Inter-Asia Cultural Studies*』 등의 학술지를
중심으로 이미 이러한 역할을 활발하게 수행하고 있다.
천광싱에 따르면, 방법으로서의 아시아의 관건은
아시아 내부의 이질적인 상황에 대해 비판적으로
관여하는 것, 외부로부터의 식민주의와 아시아 내부의
식민주의가 만들어낸 일련의 상태를 직시하는 것,
그리고 기꺼이 "우리의 주체성과 세계관을 사유하기
위한 준거의 틀을 다중화"하는 것이다.[31] 여기서
암시되는 아시아란 하나의 고정된 패권적 지리

공간이나 문명의 본질적 실체가 아니라, 무언가를 그것과 함께, 그것으로부터 생각하기에 유익한 good to think with, and think from 어떤 것이다. 즉, 자기확증적인 문화적 가치로서의 아시아가 아니라, 방법으로서의 아시아인 것이다. 아시아의 방법론적 칼날을 예리하게 만들 한 가지 효과적인 수단은 역설적이지만 동남아시아, 파푸아뉴기니, 중동, 오스트랄라시아, 태평양을 논의에 포함함으로써 아시아성을 파편화시키고 다중화하는 것일 수 있다. 다시 말해 아시아를 "탈영토화"하는 것이다.[32] (『EASTS』는 이미 이렇게 하고 있다.) 그렇지 않으면 우리는 유럽중심주의가 그저 중국중심주의로 대체되는 상황을 마주하게 될 수도 있다. 이처럼 중화권 동아시아에만 배타적으로 초점을 맞출 경우, 민족주의적이거나 토착주의적 STS를 생산하게 될 따름이다. 우리가 "전 지구적 남반구 global South"라는 표현을 쓰듯, 아마도 "전 지구적 아시아 global Asia"를 상상하는 편이 어떤 면에서 유용할지도 모르겠다. 이러한 상상된 지리에 부합하는 방법으로서의 아시아가 반드시 구미의 STS에 대한 무효화나 거부를 전제로 하는 것은 아니다. 오히려 서구적 지식과 실천의 체계를 "여러 문화적 자원들 중 하나"로 취급할 수 있게 해준다.[33] 레이

차우가 시사하듯, 서구 이론에 대한 지속적인 관심은 아시아인들을 비롯한 비서구인들에게 지역적인 동시에 전 지구적일 수 있는 기회를, "이론"의 세계에서 코스모폴리탄적이지만 동시에 위치지어진 행위자$_{\text{situated agents}}$로 스스로를 빚어낼 기회를 제공할 수 있다.[34]

다케우치와 마찬가지로, "방법으로서의 아시아"라는 문구를 사용할 때, 나 또한 "이것이 정확히 무엇을 의미하는지 말하는 것은 불가능"하다고 느낀다. 나는 아시아만의 독특한 규범이나 방법론을 묘사하거나 확립하기보다는 오히려 어떠한 발화의 장소를 가리키는 데에 있어 방법으로서의 아시아가 갖는 시험적 가능성들에 대해 이야기하고 싶다. 나는 하나의 인식론적 대항 담론을 내세우려는 것이 아니라, 윤리적 관점을 제시하려는 것이다. 분명 누군가는 아시아 과학기술학과 관련하여 몇 가지 독특한 주제들과 접근법들이 이미 나타나고 있다고 주장할 것이다. 학자들은 예외적일 정도로 다양한 식민지 정권과 반#식민지적 조건의 영향들을 탐구하고 있다. 그들은 국가의 역할과 테크노사이언스 민족주의$_{\text{technoscientific nationalism}}$의 전개를 강조한다. 그들은 독특한 지역 지식들을 되살리고 있다. 그들은 독립 이후에도 여전히 각종 실험의 현장으로 기능하고 있는 여러 섬들에 주목하고 있다. 지역 차원에서의 새로운 생명정치의 형성을, 이와 관련된 협력과 네트워크를 일별한다.[35] 이것들은 내가 예의주시하고 있는 동아시아적인 STS의 특징들 중 일부에 불과하다. 다른 학자들은 다른 의제들과 다른 관심사들을 이끌어내겠지만, 이는 본고의 범위를 벗어난다. 방법으로서의 아시아는 레시피북이 아니다. 심지어 나는 그것이 "방법"이 아닐 수도 있음을 인정한다. 방법으로서의 아시아는 테크노사이언스를 작동시키는 하나의 지역적인 방식이고, 아직 초기 단계인 하나의 삶의 형식이며, 시간이 지남에 따라 채워져 나갈 하나의 비판적인 연구 분야이다.

우리는 이미 "방법으로서의 아시아"가 근본적으로 탈식민주의적 프로젝트임을, 과학기술학을 비식민화하기 위한 수단임을 알고 있다.[36] 이는 이론의 장소들을 다변화하기 위한 여타의 노력들, 기존의 지정학적 지배력을 불안정하게 만들려는 노력들, 서발턴의 지식과 예속된 자들의 지식을 드러내기 위한 노력들—예를 들어 "남부의 이론"을 주창하는 래윈 코넬의 연구와 원주민적 연구 실천의 유효함을 천명한

린다 스미스의 『방법론들을 비식민화하기$_{Methodologies}^{Decolonising}$』 등이 포함된다—과 일맥상통한다.[37] 코넬이 지적한 바와 같이, "식민화된 주변부의 사회들 또한 근대 세계에 관한 사회사상을 생산하는데, 이는 구미 식민 본국의 사회사상만큼이나 지적으로 강력하며 그보다도 더 큰 정치적 적절성을 갖는다."[38] 그는 "다수자의 세계$_{world}^{the\ majority}$[39]가 (…) **이론**을 생산한다"라고 주장한다.[40] 그러니 동아시아—어떤 식으로 상상되든—가 이러한 주장을 할 때, 동아시아는 결코 혼자가 아닐 것이다.

많은 라틴아메리카 연구자들이 이와 유사한 사유를 선취해왔다는 점은 놀라운 일이 아니다. 예를 들어, 월터 미뇰로는 "경계사유$_{thinking}^{border}$"를 통해 옥시덴탈리즘^{Occidentalism}을 불안정화하자고 주장한다. 여기에는 전 지구적 번역들이 삭제하려 하는 식민주의적 차이에 대한 재소환과 비판적 인식이 담겨 있다. 미뇰로에게 "경계사유는 명시적으로 혼종성을 논하는 것 이상의 무엇이다. 혼종성에 관한 발화는 영토적이고 헤게모니적인 우주론과의 대화 속에서 파편적으로 이루어진다."[41] 즉, 경계사유는 보편주의와 예속된 지식 사이에서 작동하는 "지적 비식민화를 위한 장치"로서 기능한다.[42] 미뇰로는 라틴아메리카의 근대성이 옥시덴탈리즘을 넘어서는 방식으로 재구성되기를 희망한다. 마찬가지로 페르난도 코로닐도 우리의 이론적이고 방법론적인 조건 속에서 새겨진 옥시덴탈리즘을 넘어서는 방향으로 나아가야 한다고 주장한다.[43] "경계사유"와 "옥시덴탈리즘 넘어서기"는 떠오르는 동아시아적 STS의 시금석이 될 수 있을 것이다.

비판적 관심사를 공유하는 학자들 간의 우호를 도모하는 차원에서, 심지어 누군가는 이론을 생산할 행위능력 theoretical agency 을 지리적으로 분산시키는 것이 옛 지역학적 접근법을 탈식민주의적으로 재구성하는 작업을 대변한다고 주장할 수도 있다. 비판적 논자들은 맹렬하고 정당하게 지역학 연구를 공격했다. 그들은 특히 지역학의 냉전적 기원, 정책과 직결된 도구주의적 관심, 엄격한 지정학적 공간 구분—세계를 미국 학계에 알려진 바대로 몇 개의 구역으로 나눠버린—을 거론했다. 인류학자 아르준 아파두라이의 관찰에 따르면, "지역학의 전통은 (…) 아마도 지역학이 자체적으로 그린 세계지도와 더불어 너무 안일하게, 그 전문가 집단의 실천 관행 속에서 너무 안전하게,

과거와 오늘날의 트랜스내셔널한 과정들에 대해 지나치게 둔감하게 성장해왔다."[44]

그럼에도 불구하고, 심지어 구식의 지역학조차도 언어적 능력, 간학제적 분석, 현장연구의 필요성, 해당 지역 안팎에서의 학술 교류의 이점 등을 강조하곤 했다.[45] 21세기 초부터 지역학은 현지의 연구자들과 활동가들을 위한 플랫폼이 될 가능성을, 과거에는 주변화되어 있었던 현지의 지식인들에게 발화의 위치를 제공할 가능성을, 차이와 저항의 탈식민주의적 장소가 될 가능성을 보여주고 있다. 예를 들어, 남아시아학자 데이비드 루든은 오늘날의 지역학 연구가 "지식의 지역성과 영토성으로 인해 제기되는 경험적이고 개념적인 문제"를 더욱 치열하게 고민하고 있다고 말한다.[46] 아마도 지역학은 오늘날 "제국주의 그리고 세계화의 제국주의적인 측면을 연구하기 위한 가장 창의적인 공간"을 만들어 가고 있고, "보편적 세계주의가 갖는 탈맥락화하는 힘을 견제하는 데에 필수적인 균형추"가 되고 있다.[47] 이와 같은 생각을 나는 일전에 다음과 같이 표현한 바 있다. "테크노사이언스의 지역학을 만들어보자. (…) 그러나 우리가 탈식민주의적 렌즈를 통해 볼 수

있을 때에만."⁴⁸

　본고에서의 나의 주장은 초창기 『EASTS』 권호들에서 대단히 설득력 있게 다루어진 주제들에 대한 간략한 부연 설명에 불과하다. 푸다웨이는 탈식민주의적 접근법이 "동아시아 고유의 STS를 위한 역사적이고 지리적인 경계들의 자명함"을 흔들 수 있을지 고민하면서 이 학술지의 첫 번째 논문을 능숙하게 시작했다.⁴⁹ 이어진 권호에 실린 글에서 판파티範發迪는 다음과 같이 지적했다. "동아시아와 같은 범주들은 반드시 관계적이고 맥락적이어야 한다. (…) 우리는 우리가 동아시아라고 부르는 것의 다중성과 이질성을 피해갈 수 없다."⁵⁰ 반면, 관련된 문제를 충분히 검토한 후, 푸다웨이는 다음과 같은 결론을 내렸다. "동아시아 고유의 STS의 범위는 심지어 비본질화하고 탈영토화하는 탈식민주의적 비판의 힘 앞에서도 유지되고 있으며 또 안정적인 것처럼 보인다."⁵¹ 그렇다면 동아시아적인 STS 이론의 기초들은 줄곧 여기에 있었던 것이다.

Warwick Anderson, "Remembering the Spread of Western Science," *Historical Records of Australian Science* 29 (2018): 73–81.

4 서구과학의 확산을 기억하며

과학은 어떻게 이동하는가

1967년 5월, 조지 바살라가 『사이언스^{Science}』지에 「서구과학의 확산$^{The\ Spread\ of}_{Western\ Science}$」이라는 제목의 논문을 발표했다. 당시 이 논문은 학계에 물보라는커녕 잔물결도 일으키지 못했다.[1] 그해 북반구의 여름 초입에 바살라의 논문이 등장했을 즈음, 미국 독자들은 아마도 베트남전쟁의 격화나 미시시피에서의 반^{反}인종분리 투쟁이나 몬트리올 엑스포 혹은 아랍-이스라엘 전쟁에 사로잡혀 있었을 것이다. 하버드 대학교 과학사학과를 막 졸업한 바살라는 이 논문에서 "근대과학"이 비유럽 국가들에 도입되는 과정을 단계론적인 도식으로 풀어냈다. 이를 통해 그는 경제성장 또는 근대화로의 "도약"을 향한 월트 로스토의 발전단계론을 다소 편의주의적으로 되풀이했다.[2] 1960년대에는 바살라 외에도 적지 않은 사람들이 어떻게 과학이 그 발상지로 간주되는 유럽으로부터 확산 혹은 전파되어 멀리 떨어진 곳에 뿌리내리게 되었는지 설명하고자 했다. 하버드 대학교의 역사학자 버나드 코헨과 도널드 플레밍은 신대륙 정착민 사회에서의 과학 발전을 연구하고 있었으며, 예일 대학교의 데릭 솔라 프라이스와 브리스톨 대학교의 존 지먼 등은 전 세계를 아우르는 과학계의 성장을 이해하고자 했다.[3] 그러나 이들을 제외한 대부분의 과학사학자들은 이러한 문제를 부차적인 것으로 간주했고, 심지어는 자신들의 핵심 과제—유럽 내에서의 새로운 과학적 발견 및 그 정당화 과정을 분석하는 것—에 방해가 될 뿐이라고 보았다. 이후로도 한동안 과학사학자들은 유럽 외 다른 지역에 거의 관심을 기울이지 않았다. 그러다가 1980년대에 이르러 비로소 바살라의 논문이 점차 인용되기 시작했다. 이 무렵 일군의 탈식민주의적 비판의식을 갖춘 학자들과 급진적인 과학사학자들이 등장하고 있었는데, 이들이 냉전 시대의 단순한 전파주의적

신념을 조소하는 과정에서 바살라의 논문은 손쉬운 공격의 대상으로 간주되었다. 몇십 년이 더 지나자 이 논문은 더 이상 굳이 언급할 필요조차 없게 되었고, 그렇게 영어권 학계에서 자취를 감추었다. 비록 지속적으로 다른 언어로 번역이 되었으며 발전의 진화론적 도식을 선호하던 구식의 정책적 담론과 관련해서는 여전히 회자되었지만 말이다.

내가 바살라의 모델을 처음 접했던 것은 해당 논문이 출간된 지 20여 년이 지난 후인 1987년경 멜버른 대학교 과학사·과학철학과에서 수업을 들을 때였다. 나는 어렴풋하게 나의 스승 로드릭 홈$^{\text{Roderick}}_{\text{W. Home}}$이 바살라의 단순함과 엉성함을 비판했던 기억이 난다. 홈은 해당 논문이 명백히 비서구 세계의 현실과 동떨어진 미국 동부 학계의 관점을 대표하는 것이라고 말했다. 또 다른 스승인 얀 샙$^{\text{Jan}}_{\text{Sapp}}$은 반골 기질이 더 강한 사람이었다. 그는 바살라의 냉전적 멘탈리티를 맹비난하며 그의 작업을 쓸데없는 것으로 폄하했다. 나는 근래에 우연히 30년 전에 쓴 미발표 원고를 다시 읽어볼 기회가 있었다. 이 글은 호주로의 과학의 확산에 관한 것이었는데, 30년 전의 나는 놀라울 정도로 바살라에게 관대했던 것 같다. 자못 순진했던 시절이었다. 당시 나는 식민지 사회에서의 과학의 성장에 대한 로이 매클라우드의 대안적인 관점을 알고 있었고, 그것이 바살라의 모델에 비해 더 가치가 있고 정교한 연구라고 생각했다. 그럼에도 나는 매클라우드의 프레임으로 바살라의 3단계 발전론이라는 매력적인 이론 모델을 대체하기를 꺼려했다.[4] 당시의 나는 둔감하게도 두 해석들이 서로 모순된다고 생각하지도 않았던 것 같다. 이런저런 사정을 잘 알지 못했던 그때의 나는 학계에서 모두가 비판하는 허수아비 같은 인물을 어떻게 다루어야 하는지 잘 알지 못했다. 어쨌든 그 시절의 나는 바살라를 둘러싼 이러한 논의들을 완전히 명확하게 이해하지 못했음에도 이 문제에 매료되었다. 이후 내 커리어 내내 이어진 관심사라고 할 수 있는 어떻게 과학이 이동하는가라는 질문은 이렇게 추동되었다.[5]

    한 편의 학술 논문이 모두에게 비판 받는 반면교사가 되는 일은 극히 드물다. 등장한 지 50년이 넘도록 지적 상상 속 에브라임 사람들^{Ephraimites}을 살해하는 데에 이용되는 것은 더욱 드문 일이다. 그러나 사실 「서구과학의 확산」으로 인해 대단히 창조적이며 지적 자극을 불러일으키는 토론이 이어질 수 있었다. 다소 역설적이고 삐딱한 방식이었지만, 후대의 학자들이 이 논문에 대응하는 과정에서 과학의 "세계화"에 대한 비판적인 관점을 형성할 수 있었던 것이다. 적어도 우리는 긍정적인 역할을 하는 "나쁜 글"로 「서구과학의 확산」을 분류할 수 있을 것이다. 일종의 결함이 있음에도 독자로 하여금 생각을 다르게, 더 깊이 있게 할 수 있도록 만들어주는 그러한 글 말이다. 그러므로 출간 51주년을 바라보는 오늘날, 우리는 바살라의 논문을 뒤늦게나마 구제되어야 하는 글이라기보다는 더 진지하게 곱씹을 가치가 있는 글로 기억할 필요가 있다.[6]

냉전 시대의 과학의 통일성

1967년, 바살라는 다음과 같이 물었다. "어떻게 근대과학이 서유럽에서 전파되어 유럽 이외의 나머지 세계에서 그 자리를 찾을 수 있었을까?"[7] 이 질문에 대한 그의 설명은 그 단순명료함, 보편성, 그리고 목적론적 동력으로 인해 눈길을 끌었다. 젊은 과학기술사학자 바살라는 세계 각지의 과학 발전에 있어서 공통적으로 발견되는 세 개의 단계가 있다고 주장했다. 첫 번째 단계에 속한 사회는 근대 유럽의 관점에서 볼 때 본질적으로 비과학적인 상태에 놓여 있다. 다만 이러한 사회도 "고대의 토착적인 과학 사상"을 배태할 수 있으며, 박학다식한 유럽인들에 의해 활용될 각종 자원과 기초 정보를 갖출 수 있다.[8] 과학혁명은 이미 유럽을 변모시켰고, 이로써 유럽은 계산의 중심지$_{\text{calculation}}^{\text{centre of}}$, 즉 세계의 다른 지역을 이해하고 그에 대한 지식을 생산할 수 있는 능력을 갖춘 우월한 공간으로서 부상할 수 있었다. 유럽 바깥의 "물리적 세계란 (…) 그 자연현상에 직접적이고 능동적으로 맞부딪힘으로써 (…) 이해되고 정복되어야 할" 대상이었다.[9] 그리고 관련 지식의 축적·분류·평가가 유럽인들에 의해 즉각적으로 이루어질 터였다. 두 번째 단계에서는 특별한 과학적 지각 능력이 보다 확산되어 일정한 조건을 갖춘 몇몇 식민지 사회에 뿌리를 내리게 된다. 경우에 따라 이러한 변방의 과학은 존중할 만한 성과를 낳겠지만 여전히 대체로 유럽으로부터의 지적·제도적 자양분에 "의존적"인 수준이다. 이러한 변방의 과학이 더 발전함과 동시에 민족주의가 발흥함으로써 독자적인 과학 전통이 확립되게 된 경우도 없지 않았다. 미국, 캐나다, 호주, 일본이 그러한 사례라고 할 수 있다. 이와 같은 국가들은 보다 성숙한 세 번째 단계로 진입할 수 있다. 바살라는 "과학 제도를 창조하고 지탱하는 일과 과학의 급속한 발전에 도움이 되는 여러 태도를 고양시키는 일"은 지난한 과제이며, 따라서 안타깝지만 모든 국가가 근대과학 발전의 최고 단계에 도달할 수 있는 것은 아니라고 부연했다.[10]

1950년대와 1960년대 초의 과학학의 스타일을 따랐던 바살라는 과학 지식의 생산보다는 과학 공동체의 등장을 더 중시했다. 로버트 머튼과 조셉 벤-데이비드의 사회학적 연구를 탐독했던 그는 자신의 작업을 통해 세계 곳곳에서 과학자라는 존재들이 어떻게 확산되었는가를 모델링하고자 했다. 그는 지역에 따른 다양한 과학적 실천이나 지식 생성이 어떻게 이루어졌는지에 대해서는 크게 관심을 기울이지 않았다.[11] 인정하건대 바살라가 "한 국가의 과학자 집단이 훈련을 받고 연구를 수행하는 특수한 환경을 무시해서는 안 된다"라고 말한 적이 있기는 했다.[12] 그러나 그렇다고 바살라가 지역적 차이라는 문제를 대단히 중시했다고 볼 수는 없을 것 같다. "그러한 특수한 환경이 과학의 개념적 발전을 결정적으로 주형하는 것은 아니라고 할 때, 적어도 과학의 내적 발전에 자유롭게 참여할 수 있는 개인의 수와 유형에 대해서는 어느 정도 영향을 미칠 수있을 것이다." 그리고는 과연 "그러한 환경의 효과가 과학의 내적 논리보다 더 중요하다고" 할 수 있을지 의문이라고 덧붙였다.[13] 요컨대, 그는 인식론적 문제에 관한 한 과학적 지식의 사회적 구성을 예비하기보다는 기껏해야 애매모호한 태도를 취했거나 심지어 침묵하기를 택했다.

바살라는 자신의 도식을 그저 "과학사에서 간과되어 온 주제에 관한 논의를 촉진시키는 데에 유용한 시험적 도구" 정도로 생각한다고 조심스럽게 말했다. 더욱이 그는 그의 모델 가운데 그 어느 단계도 "우주적으로 혹은 형이상학적으로 필수불가결한 것"은 아니라고 생각했다. 그는 다른 학자들이 "서구과학의 세계적 전파에 관한 체계적인 연구"를 생산해 주기를 희망했다. 이와 같은 거시적인 연구는 "상이한 민족국가적, 문화적, 사회적 조건 하에서 과학이 어떻게 발전하는지에 관한 비교 분석을 진전시킬 것이며, 비교 과학사 및 비교 과학사회학의 진정한 시작을 상징하게 될 것"이라고 보았다.[14] 즉, 바살라는 일종의 전 지구적 연구 프로젝트를 위한 분석의 틀과 자극을 제공하고자 했던 것이다. 과학에 관한 그의 선언적 연구는 경제에 관한 로스토의 야심차고 영향력 있는 반공주의 선언과 짝을 이루었다. 바살라의 논문보다 몇 해 앞서 로스토는 발전과 근대화를 향한 다섯 단계를 제시한 바 있다. 전통 사회 단계, 경제 도약의 이전 단계, 도약 단계, 성숙으로 나아가는 단계, 그리고 마지막으로 고도의 대량 소비 단계가 그것이다.[15] 한편으로 경제를 비롯한 "외적" 압력으로부터 과학지식을 보호하고자 했던 바살라가 로스토의 결정론적인 베버주의의 궤적을 이토록 긴밀하게 수용했다는 점은 어떤 면에서 역설적이라고 할 수 있다.

냉전적 근대화론이 바살라의 사유에 영향을 미친 유일한 이론은 아니었다. "전파" 과정에 관한 그의 강렬한 관심은 또한 그래프턴 엘리엇 스미스$^{\text{Grafton Elliot Smith}}$ 페리$^{\text{W.J. Perry}}$, 리버스$^{\text{W.H.R. Rivers}}$ 등 더 오래된 전전前戰의 전파주의적 인류학자들을 떠올리게 한다. 그들은 서유럽 대신 고대 이집트와 그리스로부터 전파된 문명을 식별하고자 했다. 그러나 그들도 바살라처럼 사유와 인공물의 이동, 다른 문화와의 접촉, 그리고 수용과 변화의 패턴에 대해 비판적인 관심을 품고 있었다.[16] 예컨대, 엘리엇 스미스는 다음과 같이 주장했다.

> 문화의 전파는 물질의 단순 교환과 같은 하나의 기계론적인 과정이 아니다. 그것은 인간의 예측불가능한 행위를 포함하는 역동적인 과정이다. 인간은 차용되고 변형될 수밖에 없는 문화의 여러 요소들의 전달자이자 수용자이다.[17]

그러나 문화적 전파에 대한 학술적인 관심은 오래가지 못했다. 그러한 관심은 1940년대에 이르러 더욱 축소되어 문화적 접촉에 관한 소수의 이론들만이 산발적으로 등장했을 뿐이었다. 전 지구를 포괄하는 이러한 전전의 사회인류학적 프로젝트들은 이후 협소한 특정 지역에 집중하는 구조기능주의적 연구에 의해 대체되었다. 이 구조기능주의 연구는 과학 지식 생산의 위치성을 강조한 연구로 이어졌고, 결국에는 동시대의 시대적 분위기와 잘 맞지 않았던 바살라의 전파주의 프로젝트를 밀어내는 데에 이르렀다. 이는 실로 이중의 아이러니가 아닐 수 없다.

하버드에서의 경험 또한 바살라로 하여금 과학의

전 지구적 전파에 관심을 갖게 만들었다. 벤저민 프랭클린을 추종했던 과학사학과의 버나드 코헨은 어떻게 미국이 과학 강국으로 변모할 수 있었는지 설명하려 했다. 그의 문제의식은 다음과 같았다. 어째서 "구세계 최고의 과학적 전통에 필적할 만한 수준 높은 과학이 미국사에서 그토록 늦게 발전했을까?" 다시 말해 미국에는 왜 프랭클린 같은 사람들이 더 많이 없었던 것일까? 코헨은 19세기 미국 과학의 상황이 지성사가가 아닌 "사회사가"에 의해 연구될 법한 수준 낮은 것이었다고 느꼈던 것 같다.[18] 실제로 미국이 "유럽 사상에 봉사하기 위한 단순 데이터의 원천이 아니라 스스로 과학적 사상의 원천으로 변모했던" 것은 20세기 이후의 일이다. 1959년, 코헨은 "과학적 사유들이 전파되고, 적용되고, 수용되거나 거부되는 여러 단계들에 관한 분석을 포함하는" 역사학적 연구가 추가로 진행될 필요가 있다고 주장했다.[19] (여기서 그가 "단계들"과 "전파되는"이라는 용어를 사용한 것에 주목하라.) 코헨의 이러한 생각 중 일부는 하버드 캠퍼스에서 빠르게 퍼졌던 것 같다. 역사학과의 도널드 플레밍 또한 미국인, 캐나다인, 호주인들이 어떻게 "20세기에 과학적으로 가장 생산적인 사람들로서

두각을 나타내게" 되었는지 관심을 갖기 시작했다.[20] 오랫동안 이들 주변부의 과학자들은 "식민지적 위상"을 갖고 있었고 또 "보편적 통신망"에 포섭되어 있었다. 플레밍은 이러한 조건이 유럽 과학계의 오랜 "부재 지주주의$_{landlordism}^{absentee}$"를 가능케 했다고 보았다. 그러나 그는 이와 같은 상황을 타개함에 있어 "청교도적 지성"과 부가 미국에 유리하게 작용했다고 주장한다. 물론 다른 백인 정착 식민지들도 과학적 연구 정신을 고취시키기 위해 나름대로 분투했지만 말이다.[21] 바살라는 코헨의 글로부터 "영감을 받아" 자신의 도식을 고안했음을 인정한 바 있다. 또한 그는 비록 "몇 가지 근본적인 부분에 대해서는" 동의할 수는 없었지만, 플레밍이 자신의 분석을 "더 예리하게 만들어 주었다"며 감사를 표하기도 했다.[22] 그러한 근본적인 부분이 도대체 무엇이었는지는 현재로서 파악하기 어렵다. 아마도 오래 전에 잊힌 과학사학과와 역사학과 사이의 진부한 파벌 투쟁과 관련이 있었을는지도 모르겠다.

어떤 의미에서 서구과학의 전파를 설명하려는 바살라의 시도는 국제적인 문제에 대해 관심을 갖는 하버드 과학사학과의 오랜 학풍을 반영하는 것이기도 했다. 일찍이 과학사라는 분과 자체의 창시자이며 하버드에서 여러 풍파를 겪기도 했던 조지 사튼은 1924년에 "지식의 통일성과 인류의 통일성은 상호 연관된 개념이다"라고 주장했다.[23] 대부분의 역사학자들이 "서양 위주의 편견에 사로잡혀 있지만 (…) 우리는 인류 문명이 어떠한 의미에서도 결코 배타적으로 서양 위주가 아니었다는 점을 인식할 필요가 있다." 헌신적인 세계시민주의자였던 사튼은 "우주에 대한 체계적인 탐구와 설명은 오직 수천 명의 연구자들이 참여하는 국제적인 협력에 의해서만 가능할 것"이라고 믿었다.[24] 물론 사튼의 "국제적"이라는 말은 주로 유럽 국가들과 미국과 호주 같은 영국의 정착 식민지 사회를 의미했으며, 제국의 다른 식민지들은 포함되지 않았다. 여하튼 이러한 믿음을 바탕으로 사튼이 복수의 과학과 복수의 인종을 긍정하는 다원기원론적polygenetic인 낭만주의 보다는, 과학의 통일성과 인류의 통일성에 관한 단일기원론적monogenetic인 생각을 갖고 있었음을 유추해볼 수 있다. 사튼은 또한 다음과 같이 말했다.

지식의 통일성과 인류의 통일성은 우리를

진정한 국제주의로 꾸준히 이끌고 있으며,
이를 통해 우리는 거대한 진보를 이룰 것이다.
실증적 지식과 과학적 방법론의 발전이 이러한
진보를 가능케 할 것이다.[25]

그러므로 우리는 과학의 전 세계적인 전파와 더불어 인류 진보의 새로운 시대, 즉 과학적 근대성을 목도할 것이었다. 코헨과 플레밍은 분명 사튼의 그것과 동일한 국제주의 및 "새로운 휴머니즘"에 고취되어 있었으며, 이러한 성향을 바살라에게 물려주었던 것이다.

돌이켜보면, 혹자는 같은 기간 잠시나마 하버드에서 반향을 일으켰던 알렉시스 드 토크빌의 영향 또한 감지해낼 수 있을 것이다. 물론 토크빌은 과학의 확산보다는 "민주주의의 원리"가 어떻게 북아메리카로 퍼져나갔고 뒤이어 아메리카 대륙 전반에 걸쳐 전파되었는지에 더 관심을 기울였다.[26] 즉, 민주주의는 "미국에서 완전한 자유 가운데 확산될 수 있었고, 국가의 작동방식에 영향을 미침으로써 법의 성격을 평화롭게 결정지을 수 있었다." 좀 더 구체적으로 말하자면, "뉴잉글랜드의 문명은 언덕 위를 비추는 등불과 같았다. 곧장 주변으로 온기를 확산시켰고, 그 후에는 그 빛으로 먼 지평선까지도 물들였다."[27] 반면 그는 과학의 전파에 대해 그다지 낙관적이지 않았다. 토크빌이 보기에, 전형적인 미국인은 "과학을 즐거움으로서가 아니라 그저 하나의 수단으로서 가치가 있다고 여길 뿐이며, 과학을 쓸모 있게 응용하려는 데에만 온 신경이 팔려 있다."[28] 토크빌은 때때로 유럽의 진정한 과학 정신을 어떻게 신대륙에 민주주의의 원리만큼 깊게 "이식"시킬 수 있을지 고민했다. 그러나 그는 하버드의 학자들과 달리 명쾌한 답을 찾지 못했고, 이 문제에 관한 한 끝까지 비판적인 태도를 유지했다.

제국의 집합체들과 탈식민주의적 비판

1960년대의 과학사학자들은 대부분 유럽 과학자들의 영웅적인 업적과 그들에 의한 "과학적 방법론"의 발전을 기록하는 데에 여전히 전념하고 있었지만, 하버드의 연구자들은 이러한 흐름과 다른 길을 가고 있었다. 그러나 하버드에만 그러한 학자들이 있었던 것은 아니었다. 1940년대에 싱가포르에서 활동하고 있었던 영국 출신 물리학자 데릭 솔라 프라이스 또한 과학이 전 세계적으로 급속하게 발전하게 된 과정에 흥미를 느꼈다. 1960년대에 예일 대학교로 옮겨 과학사학자로 변신한 프라이스는 "과학적 연구논문이 생산되고 유통되는 전 세계적 네트워크의 온전한 본질"을 파악하고, 비록 지리적으로 모호한 개념이었지만 그가 이른바 "연구의 최전선 research front"이라고 불렀던 공간을 분석하기 위한 정교한 양적 분석을 수행했다.[29] 이와 비슷하게, 1950년대에 잠시 멜버른 대학교에서 교편을 잡았던 과학철학자 스티븐 툴민은 "사회계량학 sociometrics"을 통해 과학에 대한 사회적이고 "외적"인 연구 방법을 "과학의 기원과 발전을 그 주변 생태 환경과 분리하여" 설명하고자 하는 "내적" 접근법과 결합시키려 했다. 따라서 툴민은 과학적 개념들을 "선별하는 기준"을 발견하고 과학의 전 세계적 발전을 둘러싼 진화론적 역학관계를 확립하고자 했다.[30] 뉴질랜드 출신 이론물리학자 존 지먼 또한 "기초과학이 어떻게 그 발원지인 서유럽의 산업화된 국가들로부터 지구 구석구석으로 발전하고 확산되었는지" 설명하려 했다. 그는 1968년에 다음과 같이 썼다. "우리는 어떠한 지식, 기술^{skill}, 태도, 기예^{techniques}의 물결이 과학연구의 문화를 전 세계로 전파시킬 것이라는 점을 거의 자명한 사실로 여긴다."[31] 하지만 구체적으로 어떻게 이런 일이 일어날 수 있는 것인가? 지면은 과학의 확산의 관건은 연구 및 교육 기관의 이식에 있다고 보았다. 이러한 기관들을 통해 과학적 탐구에 필요한 암묵적 지식이 전달되고 과학자로서의 특수한 감수성이 배양될 수 있다는 것이다. 그에 따르면, "과학의 전 세계적 확산은 씨앗을 그저 바람에 날려버리는 것 같은 무계획적인 분산과는 다른 것이다." 다시 말해, 과학은 "본토의 기관으로부터 뻗어 나온 팔과 다리$^{runners}_{and\ tendrils}$에 의해 확산되어 새로운 토양에 스스로를 뿌리내린다." 일단 과학연구의 새로운 국가별 전통이 확립되고 나면, "매력적으로 스타일을 변형"시킬 수도 있다. 그러나 과학과 지식의 자유무역이 번성하는 어느 곳에서도 그 지식의 내용 자체는 반드시 동일해야 한다.[32] 이처럼 자유무역에 입각한 제국주의는 과학의 세계화 이론에 대해서도 여전히 상당한 영향력을 행사하고 있었다.[33]

서구과학의 전파를 신성시하는 이러한 태도에 대해 일찍이 1980년대 초부터 제국 과학을 다루는 역사가들,

특히 호주와 같은 정착 식민지 사회에 기거하고 있었던 역사가들이 의문을 제기해 왔다는 점은 놀랍지 않다. 하버드와 케임브리지 대학교에서 훈련을 받고 시드니 대학교에 자리를 잡은 로이 매클라우드가 보기에, 중요한 문제는 과학이 어떻게 스스로 전 세계로 퍼져나갔는가가 아니라, "어떻게 자연에 관한 지식을 추구하는 것이 국가의 통치기술의 일부가 되었는가"였다. 매클라우드는 바살라가 "진화론적이고 결정론적인 문화 팽창의 패턴"을 제안하고 있다는 점을 비판했다. 매클라우드에 따르면, 바살라의 3단계 모델은 너무 선형적이고 동질적이며, 식민주의의 정치적·경제적인 영향을 간과했고, 제국에 의해 강제된 종속과 불평등이 여전히 지속되고 있다는 현실을 감춰버린다.[34] 훗날 매클라우드는 바살라의 모델에 대해 다음과 같이 부연했다.

> [바살라는] 과학이 어디에서나 "가치 중립적"이라고 전제했기 때문에 지식의 헤게모니를 둘러싼 문제의 중요성을 과소평가한다. 그의 모델은 전통 지식의 문화적 중요성을 간과하며 전통 지식에 내재된

비판적인 저항의 전통들—비록 때로는 "비과학적"으로 보였더라도—을 언급하지 않는다. 바살라는 전파 과정에서 일어날 수 있는 사건들의 선형적인 순서를 설정할 뿐, 그 과정 자체의 문화적·역사적·경제적 맥락을 바라보지 못했음은 분명하다.

매클라우드는 바살라의 주장에는 "지정학적인 차원"이 부재하다고 비판했다.[35] 그럼에도 불구하고 바살라의 주장은 이를 지나치게 노골적으로 누락시킨 나머지 역설적으로 식민주의와 비식민화의 과정들에 관한 주의를 환기시켰다. 즉, 바살라의 맹점 때문에 오히려 지역적인 맥락과 내용이 관심의 대상으로 부상했던 것이다. 따라서 매클라우드는 영제국의 과학이 어떻게 "끊임없이 변화하는 다양한 이해관계를 본국과 식민지 모두에서 반영하고 조정"했는가라는 문제를 강조했다. 그는 바살라에 대응하여 식민지의 과학을 해당 지역의 정치적·경제적·문화적 조건 속에 정확하게 위치시킴으로써, 과학에 여러 중심이 있음을 드러낼 필요가 있었다. 더 나아가 매클라우드는 바살라의 도식보다 더 복잡하고 섬세하게 영제국

과학의 "대략적인 분류법"을 제시하여 각각 본국metropolitan, 식민지colonial, 연방federative, 영연방commonwealth, 자치령dominion에서의 과학의 양태를 묘사했다. 매클라우드는 이처럼 더욱 역사적으로 구체적인 도식을 제시함으로써 어떻게 "과학이 제국 그 자체를 의미하는, 더 정확하게는 제국의 미래를 지칭하는 편리한 은유가 될 수 있었는지" 보여주었다.[36]

매클라우드는 서구과학의 "전파"라는 안이한 사유에 대한 자신의 비판을 "과학 식민주의"를 주제로 1981년 멜버른에서 열린 한 학회에서 처음으로 발표했다. 학회의 주최자 중 한 명이었던 로드릭 홈은 이러한 학회가 "식민주의의 맥락 내부의 과학이라는 주제와 관련하여 많은 한계가 있었던 기존 선행연구들을 넘어서기 위한 유용한 방법"이라 생각했다고 회상한다.[37] 이 회의에서 파생된 편집서의 편집자들이 지적했듯, 대부분의 참가자들이 바살라의 모델이 부적절하다는 데에 동의했다. 네이선 레인골드와 마크 로텐버그에 따르면, "쉽게 말해 바살라의 모델은 서구 과학 문화의 전파의 풍부함과 복잡성을 포착하지 못했다." 멜버른 학회에서 "하나의 임시 대책"으로 제출된 관점은 "과학을 다중심적인 것으로 간주하는 것"이었다.[38] 이 학회에서 하버드 출신이며 디킨 대학교$_{\text{Deakin University}}$에서 과학학을 가르치던 데이비드 웨이드 체임버스는 1867년 이전 멕시코 과학의 발전에 대한 사례연구를 중심으로 위와 같은 비판적 관점을 옹호했다. 멕시코에서는 "바살라의 모델의 세 단계가 서로 너무 많이 뒤섞여 있었기 때문에 맥시코의 과학 발전을 분석함에 있어 아무런 가치가 없는 것으로 보인다." 체임버스는 바살라의 도식이 "심히 다양하고 복잡한 문화적·과학적 변수들을 다루기에는 지나치게 단선적인 분석"이라고 간주했다.[39] 체임버스는 이후 리처드 길레스피와 함께 식민지와 민족국가의 과학사들에 천착했다. 체임버스와 길레스피는 "근대과학이란 은유적으로도 실질적으로도 여러 개의 중심을 갖고 있는 하나의 정보 네트워크로서 더 잘 이해될 수 있다"라고 말했다. 그들은 바살라의 "거침없는 유럽중심주의"를 비난했고, 대신 지역 과학들을 역사적으로 비교하자고 제안했다.[40] 자신들의 프레임에 대해 이들은 다음과 같이 말했다.

> [새로운 프레임은] 중심/주변, 지역적/전 지구적,

민족주의적/식민주의적, 전통적/근대적 등과 같은 거대한 분할들을 가로지르는 대칭성과 상호성을 갖추어야 한다. 그것은 비선형적이고, 비단계적이며, 비규범적이어야 하지만, 자연에 관한 지식의 생산·응용·전파의 독립적이고 상호의존적인 지역사들을 체계적으로 비교할 수 있게 해줄 일련의 테두리들parameters을 명시적으로 제시해야 한다. 그것은 또한 역동적이고 유연해야 하며 소통·교환·통제의 매개요소들을 식별할 수 있어야 한다.[41]

그들 스스로도 인정했듯, 이는 "참으로 긴 요구사항"이었다. 게다가 체임버스와 길레스피는 자신들이 과학의 비통일성을 강조함에 따라 "토착주의적 종족사들nativist ethnohistories의 광활한 바다 속으로 가라앉게 될" 위험을 무릅쓸 수밖에 없다는 점을 이해하고 있었다.[42] 이어서 그들은 설득력을 유지하기 위해 자신들의 동료인 데이비드 턴불의 테크노사이언스 집합체technoscientific assemblages라는 개념을 소개했다. 턴불이 말하는 이 개념의 정의는 "테크노사이언스의 지식과 실천들을 함께 구성하는 장소들, 신체들, 기술들,

실천들, 기술 장치들, 이론들, 사회적 전략들, 집단적 작업의 결합체"이다.[43] 턴불은 "서구의 테크노사이언스를 포함하는 모든 지식 전통들은 특정 지역의 지식의 형태들이므로 서로 비교될 수 있으며, 따라서 그 중 어느 하나를 인식론적으로 특권화하지 않으면서도 각각이 갖는 상이한 권력 효과를 비교하는 것이 가능"하다고 생각했다.[44] 체임버스와 길레스피는 이와 같은 지식 실천들의 역동적인 결합체 개념을 더욱 확장하여 "집합체의 집합매개체$^{conglomerate}_{vectors\ of\ assemblage}$"라는 표현을 사용함으로써 그 역동성을 더 강조하여 드러내고자 했다.[45]

하지만 멜버른 학회의 모든 참석자들이 식민 침략자 중심의 세계 인식에 반대했던 것은 아니었다.[46] 예컨대 루이스 파인슨은 네덜란드령 동인도(오늘날의 인도네시아)의 "정밀 과학", 즉 물리학과 천문학에 관한 자신의 선구적 연구를 완성하여 발표했다. 그는 서구과학이 사실상 어떠한 방해도 받지 않고 확산되었다며 상찬했고, 현지의 여건들이 유럽의 앎의 방식에 어떠한 영향도 미치지 않았다고 결론지었다. 다시 말해 유럽 문명은 무질서하고 혼란스러운 동인도의 섬들로 인해 오염되지 않은 채 확산되었다는 것이다.[47] 파올로 팔라디노와 마이클 워보이즈의 말에 따르면, 파인슨은 오직 "식민지 변방으로 본국의 문명을 수출하는 과학의 선교사들의 작업" 외에는 전혀 관심을 기울이지 않았다. 식민주의 과학사의 여러 맥락들을 풍부하게 연구함에 있어 가히 선구자들이라 할 수 있는 팔라디노와 워보이즈는 다음과 같이 주장했다. "서구의 방법론과 지식은 그저 수동적으로 받아들여진 것이 아니라, 자연 지식 및 종교에 관한 기존의 전통과 여타 요소들과의 관련성 속에서 변형되고 선택적으로 흡수되었다."[48] 이에 파인슨은 "내가 어떠한 사람들의 진정한 역사를 부정하고 매도한다고 생각하는 사람은 모두 불친절하고 날이 선 논자들"이라며 항변했다.[49] 그러나 파인슨의 관점에서 본다면, 확실히 그 진정한 역사라는 것은 결코 정밀 과학의 제국주의적 전파를 오염시킬 수 없음은 물론 그 단층적인 흐름에 경미한 영향조차도 미칠 수 없는 것이었다.

1990년대 사학사의 흐름은 바살라, 파인슨, 그리고 다른 전파주의자들에게 불리한 방향으로 전개되고 있었다. 아마도 냉전의 종식과 비식민화의 제도화가 제국주의에 대한 향수의 원천을 점점 더 고갈시켰기 때문이리라. 우리는 이동하는 지식 실천들의 접촉지대에 관해 치밀하게 수행된 연구들에 점점 더 노출되었다. 이러한 연구들은 종종 인류학적 감수성을 불러일으켰으며 명시적으로 탈식민주의적 프레임에 기반을 두고 있었다.[50] 예를 들어, 샌드라 하딩은 인식론적 다원주의를 더 적극적으로 확립하기 위해 지식 전통들에 대해 비교문화연구의 접근법을 취하고자 했다. 하딩에게 탈식민주의적 접근은 "과학기술 사상을 더 정확하고 포괄적으로 이해하기 위한 자원"이었다. "우리는 탈식민주의적 범주를 전략적으로 활용할 수 있다." 하딩에 따르면, 그것은 "쉽게 놓치게 되는 현상들을 포착하기 위한 일종의 도구 혹은 방법론"이다.[51] 페미니즘 입장이론 feminist standpoint theory 에 영향을 받은 하딩은 지역 지식의 중요성을 강조했으며, 더 역동적이고 포용적인 세계사들을 요청했다. 그러나 그의 주요 목표는 "기능장애에 빠진 보편성에의 주장"을 개선하여 더 나은 근대성을 이룩함으로써 근대과학의 객관성을 강화하는 데에 있었다.[52] 이와 유사하게, 헬렌 베런은 호주 아넘랜드에 거주하는 욜릉구 사람들과 더불어 "전통적"이라고 할 수 있는 지역 지식의 실천과

"과학적"이라고 할 수 있는 지역 지식의 실천 간의 상호작용을 연구하여 "존재론적/인식론적 확신을 둘러싼 정치"를 분석했다. 베런의 의도는 단지 서구적 합리성의 분열과 모순을 드러내는 데에 그치는 것이 아니었다. 그는 하나의 공동체를 원했다. 그것은 곧 "구성원들이 상상들을 공유하고 있음을 인정하는 공동체이며, 그러한 상상들이 우리의 세계들을 구성하는 무수한 혼종의 집합체들$_{\text{hybrid assemblages}}$을 인식하는 방식의 일부임을 분명히 하는 공동체"였다.[53]

20세기 말 무렵 지식 생산에 대한 독점적 주권을 주장하거나 패권주의적 전제를 세우는 거대 서사들에 대한 도전과 비평이 널리 확산되었다. 이는 종종 탈식민주의 연구의 이름으로 수행되었다. 새로운 과학사들은 북대서양 연안 너머에서 독립적인 과학 개념을 구축할 수 있는 인식론적 공간을 발견해 나갔다. 유럽으로부터 나오거나 유럽으로 유입되는 지식과 실천의 흐름은 더 이상 단층적인 것이 아니라 훨씬 더 격동적인 것으로 인식되기 시작했다. 그리고 특정한 지역의 현실과 그것이 만들어내는 불가피할 마찰력으로 인해, 과거 원활한 과학 전파의 무대로 간주되었던 비서구 세계 곳곳은 이제 더 복잡한 공간으로 이해되어야만 했다. 번역translation, 중개mediation, 변형transformation, 무관심indifference, 저항resistance 등을 둘러싼 문제들이 더 중요하게 보였으며, 물의 원활한 흐름을 떠올리게 하는 과거의 각종 모델들과 은유들을 대체하게 되었다. 2000년경 가브리엘 헥트와 나는 우리가 "탈식민주의 테크노사이언스"라고 불렀던 것에 관한 워크숍을 몇 차례 조직했으며, 이는 『과학에 관한 사회적 연구』 특집호로 귀결되었다. 특집호의 서론에서 나는 다음과 같이 썼다. "우리는 과학학과 탈식민주의 연구를 긴밀하게 연계함으로써 (…) 다른 방식으로 테크노사이언스를 질문에 부칠 수 있게 되기를, 더 이질적인 자원들을 찾을 수 있기를, 또 전 지구적이거나 또는 보편주의적 주장들을 가능케 할지도 모를 지역적 상호작용들의 패턴들을 보다 전면적으로 밝혀낼 수 있기를 희망한다." 그 당시에도 바살라라는 반면교사가 내 마음 속에 존재하고 있었다. 그와 대조적으로 우리는 "테크노사이언스의 네트워크들의 지역성; "전 지구성"을 생산하는 특정한 위치성; 대체와 축출과 재조정의 트랜스내셔널한 과정들; 테크노사이언스의 분열성과 혼종성"을 이해하고자 했던 것이다.[54] 몇 년 후, 빈센 애덤스와 나는 탈식민주의적 분석이 "모든 종류의 접촉지대를 이해하기 위한, 상이한 문화들과 사회적 위치들 간에 발생하는—심지어 서유럽과 북미의 서로 다른 실험실들과 전문 분과들 간에도 발생할 수 있는—불균등하고 혼란스러운 번역들과 상호작용들을 파악하기 위한, 하나의 포용적이고 유연한 프레임"을 제공한다고 주장했다.[55] 우리는 "전 지구적" 과학이 다중심적인 것으로서, 혹은 복수의 지역에 뿌리내린 지식 생산 활동으로서 비판적으로 재구성되어야 할 필요성을 강하게 느꼈다. 애나 칭의 말을 빌리자면, "행성 전체를 아우르는 상호연결들을 이해하기 위해서는 (…) 전 지구를 지향하는 프로젝트들과 꿈들의 모순적이지만 흡입력 있는 논리들과 혼란스럽지만 효과적이기도 한 만남들과 번역들뿐만 아니라, 그 특정한 지역성까지도 식별하고 특정하는 작업이 요구된다."[56]

그렇다면 우리는 오늘날 과학에 관한 사회적 연구를 수행함에 있어 하나의 존재론적 전환이 발생했다고 이야기할 수 있을 것이다. 이는 곧 상이한 사유 세계들을 인정하는 방향으로 이동해 가는 것에 다름 아니며, 과학의 역사들을 점차 자크 데리다가 말하는 "백색 신화$^{white}_{mythology}$"로부터 분리하는 방향으로 재정향re-orient하는 데에 기여할 수 있는 일종의 다중화인 것이다.[57] 2015년, 나는 과학학의 "방법으로서의 아시아"라는 접근법을 지지하게 되었다. 이를 통해 동아시아를 그저 데이터 추출의 장소나 유럽의 개념의 전파를 수용했던 공간으로서가 아니라 자체적으로 과학적 탐구가 이루어지는 일련의 장소로서 이해할 수 있을 것이라고 판단했다.[58] 내가 생각하는 아시아란 하나의 고정된 헤게모니적 지리 공간이나 문명의 본질적 실체가 아니라, 과학의 역사들과 관련하여 그것과 함께, 그것으로부터 생각하기에 유익한 어떤 것이다. 여기에 더해, 나는 과학의 역사들을 새로 떠오르는 비판적 지역학과 연결하고 싶었다. 펭 치아의 표현에 따르면, 비판적 지역학은 "북대서양을 주된 이론적 참고점으로서 교조적으로 특권화하거나 그것을 세계사의 지상목적telos으로 당연시하지 않고, 각종 문제들을 어떻게 비교적으로 사유할 것인가라는 방법론적 과제"를 제시하고 있었다.[59] 단순화를 의도적으로 거부하는 이와 같은 인식의 틀들을 한데 모음으로써 우리는 상이하고 이질적인 과학의 역사들을 쓸 수 있다. 근본적으로 내게 이러한 작업은 탈식민주의적 프로젝트로 생각되었고, 과학적 근대성에 관한 우리의 내러티브들과 설명들을 비식민화하기 위한 방법으로 보였다.[60] 브뤼노 라투르가 (유럽에 있든 다른 어느 곳에 있든) "우리"는 진정으로 "근대적"이었던 적이 없었음을 보여주었을 때에도, 탈식민주의 비평가들은 실제로 다원적 근대성들의 다양성들—대안적 근대성들, 새로운 근대성들, 원주민적 근대성들 등등—을 포착하고 있었다.[61] 아마도 우리는 진정으로 과학적이었던 적도 없었을는지 모르겠다. 그러나 동시에 우리는 유사과학적$_{\text{quasi-scientific}}$으로 존재하기 위한 방식들과 장소들을 더 많이 가져본 적도 없는 것처럼 보인다.

네트워크들을 통한 순환

"만약 사실들이 (…) 지역적 여건들에 의해 (…) 그토록 많이 좌우된다면, 다른 장소에서 사실들은 어떻게 작동하는가?" 과학이 철저히 "위치지어진" 지식으로 간주되고 있었던 1992년에 사이먼 섀퍼는 위와 같이 물었다.[62] 또 제임스 시코드는 이렇게 말했다. "지식이 점점 더 지역적이고 구체적인 것이 되어감에 따라 (…) 그것이 어떻게 이동하는지 추적하는 것도 어려워지고 있다."[63] 또는 스티븐 샤핀이 관찰한 바와 같이, "우리는 지식이 특정한 장소에서 어떻게 만들어지는지뿐만 아니라 서로 다른 장소들 사이에서 어떤 식으로 교환이 발생하는지에 대해서도 이해할 필요가 있다."[64] 과학이라는 장소 없음의 관점 the view from nowhere 에 장소가 부여된다면, 그 이후 과학은 한 장소에서 다른 장소로 어떻게 나아갈 수 있을까? 비록 우리가 과학의 비통일성들을 증식시킬지라도, 어떻게 지식이 조화되고 연결되고 번역되는지 살펴보지 않으면 안 된다. 과학철학자 데이비드 스텀프에 따르면, 맥락화가 반드시 정당성의 부정을 내포하는 것은 아니다. 오히려 "우리는 어떻게 특정한 지식과 기술들이 하나의 구체적인 맥락 너머로, 그 지역적 특수성에도 불구하고, 퍼져나갈 수 있었는지 설명"해야 하는 것이다.[65]

    1980년대부터 라투르, 미셸 칼롱, 존 로 외 다수가 과학과 지식의 이동 및 새로운 지역에의 정착을, 공식적이거나 기술적인 지식과 실천의 범속성을,

과학의 "통일성"이 성립되기까지의 고된 과정을 설명하기 위해 행위자-네트워크 이론$_{\text{theory, ANT}}^{\text{actor-network}}$을 구축해 나가고 있었다. 칼롱은 다음과 같이 썼다. "확장된 번역이라는 모델은 (…) 지역적인 것도 전 세계적인 것도 배척하지 않으며, 행위능력^{agency}도 수동적 행위들도 모두 부정하지 않는다. 오히려 그것은 다양한 영향력의 범위, 가역성의 정도, 다양성, 상호연결성을 갖는 여러 네트워크들 간의 역학관계를 설명한다."[66] 초기의 ANT는 어떠한 하나의 네트워크 내부의 일련의 번역들이 어떻게 과학과 기술을 이질적인 환경 속에서도 변함없이 유지되는 지식으로 만드는지 분석하기 위한 이론이었다. 예를 들자면, 물리학의 법칙들은 어떻게 파리에서나 가봉에서나 동일하게 적용될 수 있는가? 네트워크들의 연장과 변형이 그러한 물리적 사실들을 안정화하고 "불변의 동체들"을 생산할 것이다. 인간과 비인간 행위자들이 발전시키는 네트워크의 결절지점들이 많으면 많을수록, 대상은 더욱 안정적이고 견고한 실체가 된다. 그러므로 사회, 자연, 지리와 같은 것들도 모두 이러한 동원들, 번역들, 등록들의 결과이지 그 원인이 아닌 것이다. 라투르에 따르면, "사실들은 (…) 순환하는 실체이다. 사실들이란 하나의 복잡한 네트워크를 따라 흐르는 유동체^{fluid}와 같다."[67]

이러한 네트워크는 그 "복잡성"에도 불구하고 때때로 오래된 식민주의의 범주들을 무비판적으로 답습했다. 자기 안의 제국주의를 억제하거나 승화하려 한 프랑스 지식인들과 달리, 라투르는 ""과학"에 의한 사회 변화를 따라가기" 위해 "모국"이 아니라 식민지들을 살펴봐야 한다고 당당하게 말했다. 그는 『프랑스의 파스퇴르화』에서 "우리는 파스퇴르화된 의학과 사회가 무엇인지" 열대 식민지에서 "가장 잘 상상할 수 있다"라고 주장했다.[68] 그리고는 식민주의적 관계들을 지배와 굴종이라는 단순한 형태로 환원함으로써 프랑스 과학의 절대주권적 네트워크들의 확장을 보여주는 방향을 택했다. 이후 『판도라의 희망』에서 라투르는 "과학이 실행되는 정글"에 질서를 부여하기 위해 아마존으로 현장 연구를 떠났다.[69] 아마존 가장 깊은 곳에서 과학자들은 무엇을 했는가? 과학자들은 문명의 끝자락에서 과학적 사실들을 안정화하기 위해 아무도 없는 정글에 실험실을 세우고 유럽에 있는 동료들과 대화를 이어갔다. 탈식민주의적 분석보다는 식민주의의 냄새를 풍기는 라투르의 이야기는 현지의 행위자들과 맥락을 생략하고 과학의 네트워크를 원주민들이 뚫을 수 없는 일종의 철장으로 만들어 놓는 데에 성공했다. 따라서 "현지"라는 것은 꽤 추상적이고, 이상하리만치 사람들이 보이지 않으며, 역사적이고 사회적인 맥락이 박탈된 장소처럼 보였다. 존 로는 ANT의 일부 주장이 "분배의 위계들을 무시하는 경향이 있고, 지나치게 군사전략적이며, 타자들을 (…) 식민화한다"라는 점을 포착했다.[70] 샤핀도 "라투르의 작업의 특징이라고 할 수 있는 군사주의적이고 제국주의적인 언어"를 비판했다.[71] 한편, 최근 들어 라투르는 과학이 일련의 연결된 실험실들에 착근embedded되어야 할 필요성을 강조해왔다. 그러한 실험실들은 과학이 객관성을 유지하는 데에 필요한 "생명유지장치" 혹은 "적당한 생태계"를 제공한다. 그러나 스스로 한탄하듯, 이로써 라투르는 이제 "실제로는 그렇게 전 지구적이지 않은 세계에서 "전 지구적인 것"을 정의하는 수많은 이동들을 파악할 가능성"을 더 이상 찾을 수 없게 되었다.[72]

파리에 기반을 둔 또 다른 학자 카필 라지는 "순전히 전파주의적인 관점에서 헤게모니를 쥔 유럽의 활동이자 응당 보편화되어야 할 대상으로 과학을 바라보는 주류적이고 식민주의적인 시각"에 대해 경멸을 드러낸 바 있다.[73] 그는 서구과학의 확산을 설명하기 위한 대안으로 "순환적인" 모델을 제안한다. 그는 "지식의 전달이 일어나는 통로들과 이질적인 교환의 네트워크들을 따라감으로써, 이러한 계기들이 의미를 획득하는 남아시아와 유럽 사이의 순환의 공간들을 확인함으로써, 그리고 마지막으로 이러한 순환의 공간들 속 구체적인 장소들에서 지식들이 전유되고 정착하는 방식들에 초점을 맞춤으로써, (…) 지역적인 것과 전 지구적인 것의 공동생산"을 조명하고자 한다.[74] 확실히 여기에는 "통로들", "이질적인 네트워크들", "교환", "전달들", "순환의 공간들", "전유", 그리고 "정착" 등 꽤 많은 것들이 언급되어 있다. 라지가 추후 "접촉지대에서 각종 기술들이 순환되고 협상에 부쳐지고 재구성됨에 따라 지식 실천들과 그 담지자들에게 발생하는 변화들"에 더욱 천착할 계획이라고 하니 기대해 볼만 하다.[75] 그러나 "접촉지대"라는 용어가 시사하듯, "순환"은 사실상 배달되지 못한 편지 같은 것이 된다. 라지는 남아시아에서 "과학적인" 사유들과 실천들이 교환되고 협상되는 과정을 보여주는 몇몇 흥미로운 사례연구를 덧붙이고 있지만, 순환은 오직 "서로 다른 문화 사이의 조우"로부터, **위치지어진** situated 지식들의 생산으로부터 추론될 수 있을 뿐이다. 따라서 그가 우리에게 제시하는 매혹적인 사례들은 "접촉지대 그 자체 내부에서 구성되는 과학적 지식"에 관한 것들이다.[76] (한 가지 놀라운 점이 책에 그토록 풍부한 탈식민주의적 통찰이 담겨 있음에도 그 저자는 빈번히 "탈식민주의적" 역사들을 엉성하게 비난한다는 점이다.) 라지가 볼 때, "순환은 경계 지어진 공간들 속에서", 즉 "서로 다른 문화 사이의 조우 가운데에서 (…) 발생한다."[77] 판파티는 순환 모델이 "어떠한 네트워크와 경로를 따라 사람, 정보, 물질들이 원활하게 흐르는 모습을 암시"하는 경향이 있다고 비판했다. 그에 따르면, "순환의 이미지는 (…) 복잡하고 어지러우며 여러 방향으로 뻗어나가는 현상에 대해 지나치게 통일성, 획일성, 방향성을 부과하는 경향이 있다."[78] 애나 칭이 말했듯, 대부분의 순환 모델은 "순환의 장소에서 발생하는 투쟁들과 특정한 종류의 인물들이 헤게모니를 획득하게 되는 과정에 관심을 쏟지 않는다."[79] 그러나 라지는 "순환"이 언제나 잘 작동하는 것은 아니라거나 혹은 적어도 대단히

불가사의한 과정이라는 식으로 얼버무리며 이러한
비판을 교묘하게 피해간다.

　　결론: 이질성을 조화롭게 만들기

50년 전 바살라는 과학의 전 지구적 통일에 관해
설명하려 했다. 그러나 인식론적 전제들의 변화로
인해, 특히 지역적 이질성을 중심으로 과학을
프레이밍하려는 경향들로 인해, 그의 모델은 이제
시대에 뒤떨어진 것으로 취급되고 있다. 서구과학의
확산을 진화론적으로 설명한 그의 이론은 새로운 지적
환경 속에서 폐기되어야 했다. 무엇이 "과학"으로
간주될 수 있는지, 심지어 "서구적인 것"으로 인정될 수
있는지 더 이상 자명하지 않게 되었다. 하지만 과학적
사유들과 실천들을 더 잘 재구성하고 위치지을 수 있게
됨에 따라, 즉 복수의 과학들을 더 잘 생산할 수 있게
됨에 따라, 우리는 그것들의 이동, 적응, 번역을
이해하기 위해 분투하고 있다. 우리는 우리가
과학이라고 인정하는 지식이 특정한 지역에서
구성되는 과정을 묘사하는 데에 필요한 어휘들을

풍부하게 갖고 있다. 그러나 그러한 집합체들이나 그 부분들이 어떻게 이동하는지 설명할 단어는 여전히 부족한 실정이다.

지식을 비식민화하고 과학적 행위능력을 분산시킴에 따라, 우리는 필연적으로 전파와 일방적 보급이라는 오래된 제국주의적 모델을 폐기하는 수순으로 나아간다. 그렇다면 어떻게 기존의 절대적 범주들로 회귀하지 않으면서 더 나은 대안을 찾을 수 있을 것인가? 네트워크, 순환, 흐름 혹은 전파 등의 메타포들은 제국주의라는 과거의 무게에 의해 그 파급력이 제한될 때 특히 설득력이 떨어진다. 이것들로는 전통적인 수력학적 현상 묘사 이상을 기대하기 어렵기 때문이다. 방법은 없고 메타포만이 난무하고 있다.[80] 그러나 가능한 다른 접근법들도 있다. 뉴기니 고지대의 한 질병에 관한 의학 연구의 역사를 풀어내면서, 나는 이와 관련된 과학적 사물들의 상호작용을 일종의 현대적 **쿨라 고리**로 재해석하고자 했다. 나의 목표는 어떻게 물질들, 사람들, 실천들이 서로를 공동구성했는지, 또 전 세계적인 범위에서 동원되었는지 보여주려는 것이었다. 또한 이런 일이 어떻게 발생할 수 있었는지를 뉴기니라는 특정한 지역에서 발원한 이론을 사용함으로써 설명하려 했다.[81] 그러나 나의 이러한 시도에 일말의 가치가 있었다고 하더라도, 뉴기니 이외의 다른 지역으로까지 폭넓게 적용될 수 있을 것 같지는 않다. 또 다른 대안은 변경사borderlands history의 방법론을 확장하여 과학적 조우들의 다양성을 풀어냄으로써 개념들의 일반적인 작동을 가장자리 효과로 보는 것이다. 페카 해맬래이넨과 사무엘 트루트에 따르면, "얽힘들에 대한 연구로서의 (…) 변경사는 전통적인 제국사와 민족국가사의 맹점들을 우회하여 여러 층위의 스캐일들을 포괄하기에 적합하다."[82] 이외에도 더 많은 가능성들이 떠오른다. 예를 들어, 디아스포라와 이주에 관한 역사학적·인류학적 연구로부터 도출된 방법론들을 활용하여 과학의 통행들passages을 설명할 수 있을 것이다. 일종의 "두터운 트랜스지역주의thick transregionalism"적 접근법을 취하는 것이다. 엥셍 호가 주장하듯, 이러한 방향 전환을 통해 역사학자들은 "타지역들과의 연결성을 보여주는 데이터의 광맥들을 발견할 수 있을 것이다. 지금까지 우리는 애초에 그러한 데이터들이 생성되는 원인인 동적인 (…) 과정들을 이해하지 못했기 때문에 그 데이터들을 인지하지 못했거나

무시했다."⁸³

계속 논의를 이어갈 수 있지만, 여기서 나의 요점은 우리가 지구상에 존재하는 과학이라는 이름의 가족유사성을 이해함에 있어 다양한 설명들에 대해 개방적일 필요가 있다는 것이다. 우리는 지식 생산의 탈식민주의적 복수성을 인식하게 되었다. 그렇다면 그 상호작용에 대해 단 하나의 고유한 설명 모델만을 고집할 필요가 과연 있겠는가? 50년 전, 바살라는 과학을 통일된 지식으로 보고 그 확산에 대해 하나의 정합적인 설명 모델을 자신 있게 제시할 수 있었다. 그러나 오늘날의 사정은 사뭇 다르다. 내가 보기에 우리가 바랄 수 있는 최선은 이질성을 조화롭게 만드는 것 harmonisation of heterogeneity 혹은 비통일성의 조율 calibration of disunity 인 것 같다.

Warwick Anderson, "Thickening Transregionalism: Historical Formations of Science, Technology, and Medicine in Southeast Asia," *East Asian Science, Technology and Society* 12 (2018): 503–518.

5 트랜스지역주의를 두텁게 하기: 동남아시아 과학, 기술, 의학의 역사적 형성들

동남아시아의 "자율적인" 역사를 주창한 존 스마일의 글만큼 많은 오해를 받는 논문도 없을 것이다.[1] 냉전 시대 미국 학계의 정치적 풍토가 아로새겨져 있는 스마일의 선언문은 동남아시아를 그저 여러 식민 제국의 역사가 펼쳐진 배경이나 남아시아 혹은 동아시아의 곁가지가 아니라 하나의 진정한 "지역학"의 장소로 볼 것을 제안했다. 스마일은 식민주의 역사학의 단순하고 오만한 시각을 버릴 것을 촉구했다. 하지만 그는 결코 동남아시아를 세계의 다른 지역으로부터 따로 떼어내어 하나의 분리된 공간으로서 연구할 수 있다고 생각하지 않았다. 스마일에게 있어 "자율성이라는 넓은 개념"은 지역의 역사적 행위자들에게 부여된 중요성을 상향조정하기 위한 용어였다.[2] 이것은 누구의 관점을 채택할 것인가에 관한 질문이었다. 지배적인 식민주의 역사학의 선행연구들은 끈질기고 유연한 동남아시아 사람들의 문화적·사회적 활력을 너무 자주 폄하하거나 무시해왔다. 분명 스마일은 "식민주의적 관계성은 근현대 동남아시아사에서 여전히 매우 중요한 주제"라고 인정했다. 그러나 그것만으로 모든 것을 설명할 수 있다고 섣불리 가정해서는 안 된다고도 여겼다.[3] 팀 하퍼가 지적한 바와 같이, 스마일은 일부 앞선 세대 학자들과는 달리 "현지인들의 삶의 영역을 경멸적으로 무시하는 식민주의 사학자들에 대항한답시고 단순히 자율성만을 강조하는 새로운 픽션을 늘어놓는 것의 위험성"을 인지하고 있었다.[4] 사실 동남아시아의 "내부적인 역사들$_\text{histories}^\text{domestic}$"을 이야기하던 스마일은 폐쇄적인 민족주의적 역사학을 숭배하거나 옹호했던 것이 아니었다. 오히려 탈식민주의적이거나 서발턴적인 연구를 예비하는 것이었다.

스마일의 영향력 있는 글이 발표되기 1년 전, 중국 작가 루쉰을 연구한 일본인 학자 다케우치 요시미는 그가 "방법으로서의 아시아"라고 부르는 문제를 제기한 바 있다. 그는 다음과 같이 썼다. "나는 그것들(아시아적 가치들)이 방법, 즉 주체의 자기형성 과정이 될 수 있지 않을까 생각한다. 나는 이를 "방법으로서의 아시아"라고 부른다. 그러나 이것이 정확히 무엇을 의미하는지 말하는 것은 불가능하다."[5] 아시아의 근대성이 유럽 근대성의 싸구려 중고품에 불과하다고 생각했던 다케우치는 근대화를 향한 대안 경로를 찾고자 했으며, 이를 위해서는 아시아인들의 행위능력과 주체성을 새롭게 이해할 필요가 있었다. 그는 서구의 헤게모니를 단순히 기존의 "아시아적 가치들"이나 여타의 지역적 존재론들로 대체하기보다는, 그 헤게모니의 전제들에 관한 질문들을 제기하고 싶어 했다. 스마일과는 대조적으로 다케우치는 여전히 합리주의적 목적론과 오리엔탈리즘의 범주들을 고수하고 있었지만, 그럼에도 기본적으로 아시아와 서구가 상호 존중에 입각한 더 평등한 관계를 맺음으로써 더 나은 근대성이 건설될 수 있기를 희망했다. 다케우치와 스마일은 모두 행위능력에 대해 다시 생각하고 기존의 관점을 전환할 것을, 아시아를 하나의 인지 플랫폼으로 새롭게 상상할 것을 촉구하고 있었다. 다케우치에 따르면, "바로 이것이 동서양의 관계와 관련하여 오늘날 우리가 직면하고 있는 주요 문제이며, 동시에 이는 하나의 정치적이고 문화적인 문제이다."[6]

지난 십여 년 동안 동북아시아의 학자들은 다케우치의 문제제기를 받아들여 지역으로 고유한 특색을 갖춘 과학기술학을 상상하려고 노력해왔다. 쓰카하라 토고는 다음과 같이 묻는다. "학자들은 여전히 서구의 지적 프레임에 의존하고 있는가? 아니면 독자적인 학문을 발전시키고 있는가?"[7] 이 일본인 과학사학자는 "지식인들의 식민주의적이고 서구의존적인 속성"을 지적하며, "비판적 검토 없이 서구의 이론적 프레임들이 번역되고 "소개"되고 있는" 상황을 개탄했다.[8] 많은 학자들, 특히 경계성을 지닌 타이완에 기반을 둔 학술지 『동아시아 과학기술과 사회』에서 활동하고 있는 연구자들은 동아시아를 구미의 이론으로 프레임되어야 할 지역적 사례나 데이터로만 보는 태도를 넘어 동아시아만의 고유한 STS를 상상하기 위해 분투해왔다. 최근 존 로와 린원위안은 의학적인 임상 실천을 설명하는 데에 효과적일 수 있는 일종의 중국적인 감각을 묘사하면서 신기할 정도로 혼종적인 인식 공간을 드러낸 바 있다.

그들은 세^勢라는 개념을 둘러싼 중국의 "이론"을 취해 일종의 분석 용어 혹은 방법으로 동원하여 기존에 주로 영어로 이해되었던 구제역 발생 과정을 설명하는 데에 활용했다.[9] 다만, 이들의 연구는 잠정적이고 예비적인 성격이 강했으며, 중국어 기반 실천들과 영어 기반 실천들 각각을 지나치게 동질적이고 상호 대비되는 것으로 간주했다. 또한 실망스럽게도 역사성과 시간적 비대칭성에 무관심했다. 그럼에도 이들의 연구는 STS의 "방법으로서의 아시아"를 향한 하나의 가능성을 보여주었다고 평가될 수 있을 것이다.[10]

동남아시아의 상황은 어떠한가? STS가 동남아시아 지역과 관련하여 등장할 때 어떠한 형태를 취하고 있는가? 비록 내가 접한 대부분의 연구들은 사회과학적 접근법을 이용한 경우가 많지만, 이 논문에서 나는 과학사, 기술사, 의학사에 특히 초점을 맞추어 동남아시아 과학학을 개괄하고자 한다.[11] 더 나아가 나는 우리가 "자율적인" 동남아시아 과학사를 구축해 나가고 있는지, 그리고 그것으로 과연 충분한지 묻고자 한다. 아마도 우리는 방법으로서의 동남아시아^{Southeast Asia as method}에 대해, 즉 본고에서 다소간 모호하며 구체적이지 않은 상태로 예고될 하나의 사유

스타일에 대해 더 많이 고민할 필요가 있을 것이다. 따라서 이 선행연구 검토 논문이 무엇보다도 동남아시아에서의 탈식민주의적 지성사의 발전을 이해하는 데에,[12] 그리고 부차적으로(그러나 중요하지 않다는 것은 아니다) 과학기술의 세계화를 이해하는 데에 기여할 수 있기를 희망한다.

동남아시아를 지역 혹은 문화적 영역으로 보려는 나의 시도가 시대착오적으로 보일지도 모르겠다. 따라서 우선 이와 관련하여 설명이 필요할 것 같다. 폴 크레이머에 따르면, 역사적 분석을 수행함에 있어 다른 모든 규모 중에서도 지역region이 "가장 애매하고 그 범위가 가변적이다. 그것은 특정한 지방local보다 조금 더 큰 범위부터 여러 국가를 포괄하는 대륙 규모의 공간까지도 포괄하고 정의내릴 수 있는 개념이다." 그럼에도 그는 "지역이라는 규모가 갖는 모호함은 생산적인 존재론적 혼란을 가져온다"라고 말한다.[13] 이는 가장 늦게, 그나마도 엉성하게 하나의 지역으로 구성된 동남아시아에 대하여 특히 해당되는 말일 것이다.[14] 매리 스티들리가 지적한 바와 같이, 동남아시아는 "영토적으로 명확한 경계가 없고, 그 역사도 깊지 않으며, 내재적으로 혼종적인" 공간이다.[15]

그 문화적 풍경 또한 "개방적이고, 다양하며, 상충하는 방식으로 해석될 여지가 있는 공간"이다.[16] 더 넓은 지역적 규모를 다루는 역사학자들도 비슷한 주장을 한다. 왕후이에 따르면, 아시아란 "자기완성적인 독립체도 아니고, 자기완성적인 관계들도 아니며, (…) 자족적인 주체도 종속된 대상도 아니다."[17] 심지어 산제이 수브라마냠은 지역학이 연구하는 지역에만 지나치게 국한되므로 협애한 지역주의parochialism에 빠질 소지가 있다고 비판한다.[18] 그러나 그러한 수브라마냠조차도 "지식에 대한 우리의 접근성이 파편적이라는 점을 고려할 때, 우리 모두는 더 큰 차원이든 더 작은 차원이든 어떠한 지역에 매일 수밖에 없다"라고 인정한다.[19] 그러나 아무리 지역에 관한 논의가 다소 편의주의적일 수밖에 없다고 하더라도, 우리는 네트워크, 관계성, 연결성을 추적함으로써 보다 역동적이고 건설적인 방향으로 논의를 이끌어 나아갈 수 있다.[20] 프라센지트 두아라에 따르면, "지역은 외부적인 한계나 영토적인 경계선이 없으며, 그 내부에서 스스로를 균질화하려 하지 않는다." 또한 지역은 "순환과 상호작용의 장소로서, 다양한 연결들과 상호의존성을 인정한 채 순수한 정체성을 암묵적으로 의문에 붙이는 장소로서 존재할 수 있다."[21] 다시 말해, 지역이 반드시 단일한 존재 방식 혹은 존재론을 필요로 하는 것은 아니다. 오히려 지역이란 지방적인 층위와 전 지구적인 층위 사이의 느슨하게 통합된 층위를 의미할 수 있다. 이러한 지역으로부터, 그리고 지역을 가로지름으로써, 새로운 생각들이 나올 수 있는 것이다. 따라서 "두터운 트랜스지역주의(thick transregionalism)"을 제안한 엥생 호는 "공간적으로 확장되지만 동시에 통합적인 방식으로 하나의 동적인 사회(mobile society)를 설명"하려 한다.[22] 이주 및 디아스포라 연구에 영감을 받은 그는 아시아를 "통일적인 대륙이 아니라, 수세기 동안 서로를 인지하고 인정해온 여러 부분들 간의 상호작용에 의해 교차되는 하나의 오래된 세계"로 본다.[23] 여기서 트랜스—횡단적이고 횡적인, 또는 어떠한 범위를 넘어선다는 의미—와 지역의 결합은 동남아시아의 공간적·개념적 불안정성과 역설적인 생산성을 생생하게 전달한다. 내가 본고에서 말하는 지역이라는 것은 이러한 의미로 읽혀야 한다.

***

20세기가 끝나기 전 몇 편의 동남아시아 과학기술사 연구가 출간되었다. 그 수는 많지 않았지만 비판적이고 중요한 연구였다고 할 수 있다. 제2차 세계대전 이전 과학사 연구는 특히 희소했는데, 그 대부분은 식민지에 잠시 체류했던 과학자들의 회고 혹은 어느 정도 유용한 각종 기관의 역사였다. 간헐적으로 동남아시아 현지에서의의 과학적 업적을 강조한 연구도 있었지만, 그마저도 제국주의적인 관점이 없다고 할 수는 없는 글들이었다. 필리핀의 경우, 호세 리살$_{Rizal}^{José}$과 과학을 중시한 메스티소 엘리트 후계자들이 스페인 식민 통치 시대 말기부터 외부로부터 수입된 과학연구의 전통들을 기록하고 기억하려는 노력을 전개했다. 리살은 일찍이 도미니코 수도회와 예수회가 필리핀 군도의 주민들에게 의학과 자연과학을 가르치고자 했던 시도들에 주목했고, 다른 이들은 마닐라 천문대에서 수행된 더 수준 높은 연구와 화산학 volcanology 분야에서의 진척을 기록했다.[24] 한편, 냉전 시기 동안에는 역사학적 작업을 병행한 과학자들이 주도적으로 지역 내에서의 특별한 "천재"의 등장을 확인하기 위해 가까운 과거로 눈을 돌렸다. 이들은 이러한 역사학적 작업을 통해 어떻게 미래의 과학 발전을 촉진시킬 수 있을지 고민했다.[25] 이들이 보기에 근대화에는 어느 정도의 과학적 사고능력이 필요해 보였다. 그리고 이는 오직 재빨리 서구의 탐구 방식을 전유함으로써 이룰 수 있으리라 생각되었다. 애석하게도 동남아시아 고대의 과학 전통이나 인체와 환경에 관한 토착적인 지식 체계에 관심을 가졌을 법한 조셉 니덤Joseph Needham 같은 학자는 나타나지 않았다.[26] 또한 서구과학을 원주민화하고 자체적이고 대안적인 현지 과학의 계보를 확립하려는 남아시아의 시도에 상응할 만한 노력도 동남아시아에서는 찾아보기 어려웠다.[27]

    1980년대 후반부터 더 많은 학자들이 제국주의, 전쟁, 개발이 질병의 패턴에 미치는 영향을 연구하기 시작했고, 때때로 연구자들은 한 발 더 나아가 동남아시아 지역을 휩쓴 감염병에 대한 식민주의 국가 및 민족국가의 대응을 살펴보았다.[28] "생태학적" 세계사에 영감을 받은 이들 역학 전문가 겸 역사학자들은 동남아시아의 과거를 진단하기 위해 현대의 질병 범주를 사용하기도 했다.[29] 이러한 설명 가운데 일부는 심지어 감염병에 대한 대응 과정에서 여러 식민지들을 초월하는 정체성intercolonial identity의 형성이 촉진되었다고 보았다. 1990년대에는 식민주의 의학에 관한 사회문화사적 연구가 동남아시아에도 적용되기 시작했다. 이러한 연구 방법론은 당시에 이미 남아시아 및 아프리카에 대해서는 확립되어 있었고, 동북아시아에 대해서는 아직 본격화되기 전이었다. 질병 통제는 언제나 식민지 운영에 있어 최대의 관심사이자 자원 투입의 대상이었으며, 적어도 20세기 전까지는 피식민자들이 과학을 접할 수 있는 유일한 길이 의학 교육을 받는 것이었다. 이 점들을 감안할 때, 동남아시아 지역 과학사 연구의 최전선에 의학과 공중보건의 역사가 있었음은 놀라운 일이 아니다. 감염병의 전파 과정을 추적하는 서사와는 달리, 식민주의 의학의 사회사는 이후 민족의 형성이 뒤따를 것임을 자연스럽게 전제하는 경향이 있었다. 이는 종종 근대성을 향한 유럽의 궤적을 답습하는 것으로 이어졌다.[30] 의료인류학자 레노어 맨더슨은 말라야Malaya의 영국 식민주의 의학을 식민침략자들의 건강을 보호하고, "토착민"의 노동 생산성을 보장하며, 정치적·사회적 통제를 확립하기 위해 고안된 하나의 "문화 시스템"으로 설명했다.[31] 정치경제학의 통찰로부터 영감을 받은 맨더슨은 식민주의가 보통

사람들의 건강에는 오히려 해로운 영향을 미쳤음을
보여주었다. 그는 의학이 식민주의에 의해, 식민주의적
목적을 위해 도입되었으며, 질병의 예방 및 치료보다
국가 권력의 정당화에 더 복무했다고 신랄하게
분석한다. 몇 년 후 로렌스 모네-루슬로는
인도차이나에서의 프랑스 식민주의 의학을 사례로
하여 비슷한 주장을 했다.[32] 비록 천연두 백신의 도입을
주도했으며 1920년대부터 출산 촉진을 위해 산모와
영유아의 건강을 중시해야 한다는 생각을 퍼뜨렸던
파스퇴르주의자들에 대해서는 더 관대한 평가를
내렸던 것 같지만 말이다.[33] 어쨌든 중요한 점은 모네-
루슬로가 식민주의 의학이 인도차이나 현지의 조건에
적응하는 과정에서 어떻게 변화했는지를, 단순히
외부로부터 통치하는 제국의 도구로서가 아니라
어떻게 현지의 특정한 문화와 얽히며 형성되어
갔는지를 보여주었다는 것이다.

1990년대 초에 나는 필리핀에서의 미국 식민주의
의학에 관한 글을 쓰고 있었다. 이 과정에서 나는
위생의 실천이 인종 위계를 형성시키고 강화시킨다는
점을 강조했다.[34] 나는 군사적인 전략과 행정적인
수단들을 통해 필리핀인들의 신체—그 자체로

위험하다고 간주된—로 의학적인 관심이 집중되는 방식에 대해, 그리고 동시에 피식민자들의 위협적인 육체성corporeality이 백인 남성의 몸—귀하면서도 열대지역에서는 유독 취약한 것으로 간주된—과 병치되는 방식에 대해 관심이 있었다. 유사한 여타의 이분법적 담론들과 마찬가지로, 필리핀인의 몸과 백인 남성의 몸을 대비시키는 관념은 제국의 실제 현실과 잘 들어맞지 않았으며 오래 지속될 수 없었다. 『식민주의의 병리들Colonial Pathologies』의 후반부의 초점은 보건의료 서비스의 "필리핀화"가 미국 식민통치 후기의 필리핀 위생 관행에 미친 영향에 있다. 이러한 역사적 흐름은 사회의학social medicine의 대두로 이어졌는데, 이 과정을 추적함으로써 의학과 공중보건이 일종의 정상화를 겪는 과정을 드러내고자 했다. 그러나 필리핀의 식민주의 보건의료 서비스가 서서히 민족주의적인 형태로 바꾸어갈 때, 미국에서는 필리핀으로부터 귀국한 의사들에 의해 식민주의적이고 인종화된 위생 관행이 더 널리 실행되려 하고 있었다. (물론 이 문제는 필리핀 역사학자보다는 필리핀계 미국인들의 역사에 관심 있는 학자들에게 더 의미가 있는 것이었다.) 식민주의 의학에 대한 현지인들의 저항 혹은 무관심을 보여주는 많은 에피소드들도 소개되고 있지만, 그럼에도 이 책의 핵심은 제국 과학과 인종화 사이의 연결고리에 있었다.[35] 한편, 캄보디아에서의 프랑스 식민주의 의학의 역사를 다룬 소키엥 오의 책이 출판된 다음에야 비로소 우리는 일상에서의 의학적 조우, 혹은 오의 표현에 따르자면, 상이한 "인식 체계들epistemologies" 간의 충돌에 관한 진정한 통찰을 얻을 수 있었다.[36] 그의 목표는 "매우 다른 문화들이 상호작용하는 과정, 상호 협상하고 파악하려는 과정을 이해하는 것, 이 과정에 수반된 인식론적 논쟁을 이해하는 것, 그리고 서구의학과 캄보디아 사회의 대면이 갖는 폭넓은 사회적 함의들을 이해하는 것"이었다.[37] 그러나 표면적으로는 "자율적인" 역사에 더 가까워 보일지라도, 대체로 식민주의 의학에 관한 어우의 설명은 결국 과거의 선행연구들의 해석과 크게 다른 것은 아니었다.

이상 모자이크와도 같은 동남아시아 식민주의 의학사 분야의 선행연구는 제국의 과학들 중에서도 생의학의 우세, 개인들의 사적 의료 관행에 비해 더 우선시되었던 공중보건의 지위, 동남아시아 지역 내에서 이상적인 생명정치의 장소들(플랜테이션, 병원,

나환자 수용소 등의 소집단 혹은 모범 공동체)—
바로 이러한 장소들 안에서 새로운 주체들이
형성되었다—의 탄생 등을 집중적으로 다루고 있다.[38]
이러한 역사적 서사들에는 흥미로운 맹점들이
존재한다. 예를 들어, 아프리카나 남아시아를 대상으로
하는 정신의학의 역사 연구들과 대조적으로,
동남아시아에서는 정신질환에 대한 연구가 오랫동안
부족한 상황이다. 물론 예외적으로 동남아시아
문화에만 존재하는 병—드물게 발생하지만 일단
발병하면 이목을 끄는 아목amok이나 라타latah와
같은—에 대한 분석들이 있으며, 종종 신경쇠약을
다루는 연구들도 있기는 했다.[39] 다른 한편, 종교적
치유법 역시 거의 주목을 받지 못한 주제이다.

    동남아시아 식민주의 의학사 연구의 전개에 있어
가장 특이한 점은 아마도 비식민화, 민족주의,
의과학의 연계에 대한 관심일 것이다.[40] 확실히
20세기 초 이래의 생물학과 의학을 중심으로 한
동남아시아에서의 과학 교육은 진보와 진화에 대한
믿음을, 사회적·정치적 병리들을 뿌리 뽑겠다는 열망을,
그리고 근대적이고 세계시민주의적인 감각을
만들어냈던 것 같다. 따라서 다른 지역과 달리

동남아시아의 과학과 과학자들은 유달리 비식민화 및 민족주의와 밀접하게 결부되었다. 최근 한스 폴스는 네덜란드령 동인도제도의 "민족 의사"의 흥망성쇠를 추적하며, 자바 소재 의과대학에서 배양된 그들의 근대인으로서의 정체성을 드러냈으며, 민족주의적 엘리트들이 어떻게 사회 문제를 인식함에 있어 생물학적인 비유와 과학의 메타포를 널리 사용했는지 분석한 바 있다.[41] 그러나 지금까지 동남아시아 과학사 및 의학사 연구자들은 대부분 민족주의적인 테마에 천착할 뿐, 지역적이거나 국제적인 비교로 나아간 경우는 사실상 많지 않았다.[42]

* * *

동남아시아 과학기술의 다른 여러 측면들은 생의학과 공중보건만큼 깊은 역사학적 관심을 이끌어내지 못했다. 그러나 발전국가라는 폭넓은 주제는 몇몇 과학기술사 연구자들의 흥미를 끄는 데에 성공했다. 특히 인도네시아와 동티모르를 중심으로 이러한 연구가 전개되었다. 예컨대 앤드루 고스는 비식민화 과정에서 식물학과 자연사가 수행했던 역할을 강조했다. 그는 독립 이후 이러한 "계몽과학$^{Enlightenment}_{science}$"의 쇠퇴와 이런저런 응용 과학의 부상을 분석했으며, 과학이 실용화됨에 따라 오히려 덜 신뢰를 받게 되는 경향이 있다고 주장했다.[43] 이와는 대조적으로 수잔 문은 20세기 국가 주도의 농업 프로그램을 더욱 긍정적인 시선으로 바라보며 과학전문가들과 소농들의 협력이 어떻게 인도네시아 군도에서의 토지 이용 관행의 변화로 이어졌는지 보여주었다. 그의 연구는 더 많은 사람들로 하여금 식민주의적이고 민족주의적인 기술이 현지에 적응하여 문화적 변화를 이끌어낼 수 있다는 가능성에 주목하도록 했다.[44] 술피카르 아미르는 이야기의 시기적 범위를 20세기 후반까지 끌고 가 "신질서$^{New}_{Order}$" 시기 인도네시아에서의 기술과 권위주의 정치의 "공동형성"을 탐구한다.[45] 아미르는 "기술이 정치적으로 구성되었다는 것"이 무엇을 의미하는지 물으며, 그 답을 수하르토^{Suharto}와 바하루딘 유숩 하비비$^{B.J.}_{Habibie}$ 가 주도한 인도네시아 항공기 제조업의 탄생 속에서 찾고자 하며,[46] 기술결정론, 정권의 정당성, 근대를 향한 갈망이 서로 복잡하게 얽혀 있었음을 밝혀냈다.[47] 조금 더 인류학적인 접근법을 선호했던 크리스

셰퍼드는 각종 국제기구들의 왜곡된 신자유주의적 인도주의가 어떻게 티모르의 현실 속에서 표류했는지를 중심으로 지난 50여 년 동안 개발 전문가와 티모르 사람들 간의 상호관계를 재구성한다.[48]

또 다른 일군의 과학사학자들은 프랑스령 인도차이나, 특히 베트남을 중심으로 식민주의적이고 민족주의적인 개발 프로젝트의 환경적인 후과들을 검토했다. 이들의 연구는 과학적 근대성이 동남아시아에 끼친 여러 영향들을 우리에게 상기시켜주었다. 프랑스의 임업 관행이 인도차니아에서 재탄생하는 과정을 상세히 연구한 프레데릭 토머스는 식민지 현지의 특수한 상황도 자연 및 자연 착취에 관한 프랑스인들의 기존 태도에 거의 변화를 초래하지 못했다는 점을 새삼 강조한다. 20세기 프랑스 임업가들은 토착민들의 지식을 경멸했으며 환경 보호주의와 관련된 감수성을 결여하고 있었다.[49] 이는 일부 다른 열대 식민지들에서 싹트고 있었던 "녹색 제국주의$_{\text{imperialism}}^{\text{green}}$"라는 전망과는 극명한 대조를 이루는 것이었다.[50] 그러나 메콩강 삼각주를 연구한 데이비드 빅스는 식민지 시기 이전부터 존재했던 현지의 인프라가 식민주의적 치수 사업에 긴밀하게 활용되었음을 주장한다. 그는 과학적 모델과 기술적 개입이 현지의 조건에 적응해 나가거나 혹은 좌초되어 가는 과정을 분석하면서 식민주의 국가의 한계들을 조명했던 것이다.[51] 한편, 아소 미치타케는 인도차이나를 배경으로 프랑스 식민주의 농업과학의 역사를 추적한다.[52] 그는 지난 백여 년 동안의 고무 플랜테이션의 발전과 식민주의가 초래한 환경의 변화를 설명함에 있어 국가 외에도 전 지구적 상업망이 중요했음을 밝혀낸다. 아소는 동남아시아 지역 내 지식 네트워크와 "고무 농장에서 출현한 테크노사이언스의 집합체들"을 비롯하여 제국주의가 미친 수많은 영향들을 입체적으로 보여주었다.[53] 마찬가지로 필리핀에서 재난의 예측과 대응이 하나의 과학기술 분야로 떠오르는 과정을 분석한 연구자들도 식민주의적이고 민족주의적인 환경 과학에 대해 유사한 비판을 전개했다. 예를 들어, 필리핀 군도에서 빈번하게 발생하는 화산 폭발, 지진, 태풍에 주목했던 필로메노 아길라와 그의 동료들은 근대의 재난들$_\text{disasters}^\text{modern}$에 의해 촉발된 "관찰로서의 과학과 피해 완화의 방법으로서의 과학"을 탐구한다.[54]

확실히 동남아시아 과학사, 기술사, 의학사 연구는 서구과학의 거침없는 확산이라는 초창기 주제로부터 현지에서의 문화적·사회적 적응 및 변화라는 최근의 문제의식으로 재정향되고 쇄신되고 있다. 루이스 파인슨과 루돌프 므라젝의 연구를 비교해봄으로써 더 "자율적인" 역사를 향한 이러한 전환을 가장 극명하게 보여줄 수 있을 것 같다. 파인슨은 1980년대에 네덜란드령 동인도의 "정밀 과학", 즉 물리학과 천문학에 관한 자신의 선구적 연구를 발표했다. 그는 식민지 현지의 역사와 정치가 유럽의 앎의 방식에 어떠한 영향도 미치지 않았다고 결론지었다. 유럽 문명은 무질서하고 혼란스러운 동인도의 섬들로 인해 오염되지 않은 채 그곳에 안착했다는 것이다.[55] 파올로 팔라디노와 마이클 워보이즈의 말에 따르면, 파인슨은 오직 "식민지 변방으로 본국의 문명을 수출하는 과학의 선교사들의 작업" 외에는 전혀 관심을 기울이지 않았다.[56] 식민주의 과학사의 여러 맥락들을 풍부하게 연구함에 있어 가히 선구자들이라 할 수 있는 팔라디노와 워보이즈는 다음과 같이 주장했다. "서구의 방법론과 지식은 그저 수동적으로 받아들여진 것이 아니라, 자연 지식 및 종교에 관한 기존의 전통과 여타 요소들과의 관련성 속에서 변형되고 선택적으로 흡수되었다."[57] 이에 파인슨은 "내가 어떠한 사람들의 진정한 역사를 부정하고 매도한다고 생각하는 사람은 모두 불친절하고 날이 선 논자들"이라며 항변했다.[58] 그러나 파인슨의 관점에서 본다면, 확실히 그 진정한 역사라는 것은 결코 정밀 과학의 제국주의적 전파를 오염시킬 수 없음은 물론 그 단층적인 흐름에 경미한 영향조차도 미칠 수 없는 것이었다. 우리가 살펴본 것처럼, 후대의 동남아시아 과학사, 기술사, 의학사 연구자들은 파인슨이 제시한 방향을 따르지 않았다. 대신, 이들의 지적 궤적은 전문지식과 기술의 복잡다단한 문화적·사회적 역사들을 향했으며, 행위능력, 지각능력, 이해력을 동남아시아의 지역 주민들에게 부여하는 방향으로 나아갔다. 므라젝의 『행복한 세상의 엔지니어들*Engineers of Happy Land*』은 그 자체로 시적이고 복잡다단한 집합체라고 할 수 있는 책이다.[59] 여기서 그는 네덜란드령 동인도에서 어떻게 새로운 기술들이 민족의식을 형성하고 프레임했는지, 근대를 향한 열망에 특정한 형식을 부여했는지 밝혀낸다. "사람들이 새로운 기술들을 다루거나 또는 기술들에 의해 다룸을 당하게 되면서, 시간, 공간, 문화, 정체성,

그리고 민족에 대한 그들의 감각이 무언가 어그러진 것으로 느껴지기 시작했다."[60] 동인도 제도의 주민들은 라디오, 전화, 기차, 자동차, 가로등과 같은 기술들을 접하는 과정에서 뒤숭숭함을 느끼며 "인도네시아인"으로 변모해 갔다. 프라무디아 아난타 투르 Pramoedya Ananta Toer 와 같은 인물은 그러한 기술들에 크게 매료되어 아스팔트를 하나의 언어로 인식했다고 회고했으며, 훗날 실제로 라디오 기술공이 되기도 했다. ""부적절한" 기술들과 조우하게 되면서, 동인도 사람들은 기존의 자연스러운 행위와 말하기로부터 완전히 탈피하는, 혹은 적어도 흠집을 내는 방식으로 움직이고 말하고 쓰기 시작했다."[61] 므라젝이 보기에 네덜란드령 동인도 제도에서 기술은 단순히 식민 지배의 도구만을 의미하지 않았다. 그것은 사람들 사이의 문화적 번역과 인지적 매개를 가능케 하는 어떤 것이었다.

* * *

현대 동남아시아의 과학, 기술, 의학의 형성에 관한 많은 비판적 연구들이 다양한 맥락들을 풍부하게 밝힌

자율적이고 주체적인 지역사들에 의존하고 있음에도 불구하고, 일부 STS 학자들은 놀라울 정도로 자신들의 연구 대상이 되는 사람들에게 역사라는 것을 부여하기를 거부해왔다. 부분적으로 이러한 거부감은 유럽의 지배와 토착민의 복종으로 요약되는 옛 식민주의 역사학에 대한 혐오와 근래의 역사학적 연구들에 대한 전반적인 무지로부터 비롯된다. 이러한 학자들은 오히려 다소 얕은 민족지학적 접근을 선호하며, 그 결과 과학기술의 실천을 구체적인 역사가 있는 어떠한 장소에—또한 특정한 과거에 의해 제약되기도 하고 열리기도 하는 가능성의 조건들이 존재하는 장소에—위치시킨다는 것이 무엇을 의미하는가라는 비판적인 고민이 퇴색되기도 한다. 프레데릭 제임슨이 말했듯, 실로 "역사는 상처이다. 역사는 욕망을 좌절시킨다. 역사는 개인적인 실천과 집단적인 실천 모두에 불가피한 한계를 부과한다."[62] 혹은 헤이든 화이트가 주장한 것처럼, "역사화, 특히 현재의 역사화는 그 필연성의 베일을 벗고, 인정받지 못한 가능성들을 보여주며, 탈출의 경로를 제시한다."[63]

    현대 동남아시아 지역의 과학, 기술, 의학 관련 프로젝트들을 역사화하기를 꺼려하는 이와 같은 풍조는 분석의 톤을 왜곡시킬 소지가 있다. 심지어 일종의 안이한 오리엔탈리즘이나 피상적인 아시아 본질주의로 귀결되는 상황까지도 초래할 수 있다. 예를 들어, 싱가포르의 바이오폴리스Biopolis는 2003년에 출범한 이후 줄곧 STS 학자들의 진지한 분석의 대상이 되어 왔다.[64] 우리는 어떻게 이 생명과학 연구 및 생명공학 발전의 허브를 바라보아야 하는가? 사회학자 캐서린 월드비의 설명에 따르면, 싱가포르 시민들과 아시아 및 아프리카 전역의 많은 사람들은 "인체조직의 기증자이자 연구 피실험자로 행동하기를 요구받게 될 것이다. 다시 말해, 생물학적으로 작동하는 그들의 몸 안의 재생능력과 실험적인 역량들을—즉, "벌거벗은 생명"의 능력을—그들의 몸 외부에서 발전하고 있는 생명과학 산업의 필요에 맞추게 될 것이다."[65] 월드비는 다음과 같이 덧붙였다. "바이오폴리스와 그곳의 첨단 바이오의학 전문지식은 인구의 생물학적 퀄리티를 국가의 자산이자 지역적·전 지구적 가치의 형태로 치환하는 새로운 방법들을 찾아가고 있다."[66] 인류학자 아이화 옹은 바이오폴리스가 "열대에서 살아가는 생명의 다양성을 대체 가능한 자산으로 전환"하고 있다는 데에 동의한다.[67] 그런데 그는 이토록 "유연한 실험실"은 동남아시아에서 전례 없는 새로운 것이라고 말한다.[68] 옹은 "어떻게 전 지구적 지식이 다양한 사회정치적 장소들로 흘러들어가 독특한 과학 문화를 만들어내는지" 궁금해 하면서도,[69] 굳이 싱가포르와 동남아시아의 과학사를 살펴보지는 않는다.[70] 그러나 동남아시아 지역의 개발과 의료화의 다채로운 역사와 오늘날 싱가포르의 바이오폴리스에서에서 발생하고 있는 생명가치^{biovalue}의 수취 사이에는 유의미한 연속성이 존재한다. 다른 역사적 공통점들도 떠오른다. 옹은 오늘날 생명과학이 종족적인 생체지표들을 찾아내며 아시아 인구를 "새롭게" 인종화하고 있다고 주장한다.[71] 그러나 동남아시아에서 식민주의와 민족주의의 이름으로 전개된 인종화를 비판적으로 분석한 역사학적 연구들은 언급되지 않고 있다.[72] 아이화 옹은 "아시아 국가들에 의한 서구 기술의 수용이 서구 제국주의와 민족국가 건설이라는 두 가지 효과에 의해 과도하게 결정된 것처럼 보인다"라는 점을 손쉽게 수긍한다.[73] 그리고는 재빨리 논점을 바꿔 아시아만의 특수한 유전체학과 아시아 인종의 독특한 신진대사 개념을 찬양한다. 도대체 그가 이야기하고 있는 동남아시아는 무엇인가? 그 동남아시아에는

165

역사들이 존재하긴 하는가?

* * *

이 논문은 비판적인 지역학 연구의 감각—적어도 부분적으로나마 지역 문화 연구와 문화인류학으로부터 영향을 받은—이 점차 동남아시아 과학사, 기술사, 의학사 연구 속으로 통합되고 있다는 점을 보여주고자 했다. 지금까지 살펴본 것처럼, 과학기술을 연구하는 몇몇 사회학자들과 비판적인 학자들은 여전히 "자율적인" 또는 적어도 여러 맥락들을 풍부하게 고려한 동남아시아 지역의 역사들을 진지하게 살펴보기보다는 세계화의 효과를 이해하는 데에 더 관심이 있는 것처럼 보인다. 이처럼 역사로부터 거리를 두고 싶어 하거나 역사에 응답하지 않는 연구자들은 여전히 서구를 동남아시아 지역 발전의 주요 동인으로 간주하고 있으며, 그러한 동인이 작동하는 배경인 동남아시아를 텅 비어 있고 역사가 부재한 공간으로, 아무런 특징 없는 회색지대로 상상한다. 이러한 인식은 의도된 기획이라기보다는 무심코 지역의 역사를 누락해버린 결과에 가깝다고 생각된다. 대부분의 경우,

이러한 학자들은 동남아시아라는 지역을 이해하려는 사람들보다는 다른 STS 학자들에게 어필하기 좋은 방식으로 연구를 설계한다. 그러나 동남아시아 지역의 과학기술학이란 무엇인가라는 문제를 고민함에 있어 이러한 부류의 연구자들의 영향력은 서서히 줄어들고 있는 것으로 보인다. 오히려 우리는 역사학자들과 사회과학자들이 동남아시아학의 통상적인, 심지어 전통적인 주제들과 연구 방법론 속으로 과학, 기술, 의학을 포함시키는 데에 더 관심이 많다는 점을 알고 있다. 우리가 살펴본 것처럼, 이러한 연구자들은 독특하지만 동시에 외부와 상호작용하는 일련의 역사들로부터 비롯된 행위능력과 위치지어진 지식을 파악하고자 한다. 이들은 탈식민주의적인 방식으로 "현재진행 중인 과거의 잔재, 살아남은 자들, 계속되는 유산들"을 알아가고 있다.[74]

우리는 현지의 행위자들과 역사적 우연성들을 더 잘 이해하게 되었다. 그러나 애석하게도 우리의 내러티브를 뒷받침하는 인식 레퍼토리와 방법론적 조건에는 아직까지 큰 변화가 없었던 것 같다. 우리는 새로운 주체의 위치들을 확인했다. 그러나 과연 그들에게 새로운 사상의 세계들을 부여했다고 자신할 수 있는가? 유럽의 영향력이 여전히 각광을 받고 있는 상황에서 원주민들은 종종 능동적인 행동acting이 아닌 수동적인 행동reacting을 하는 사람들인 것처럼 보인다.[75] 방법으로서의 동남아시아는 여전히, 그리고 그 어느 때보다도 더 모호한 상태에 있는 것 같다. 아마도 나는 지역학이 제기하는 오래된 비판—근대 과학기술처럼 보편적이거나 추상적인 것으로 생각되는 주제와 관련하여 특히 유효할 수 있는 문제제기이다—을 그저 단순히 되풀이하고 있는 것일지도 모르겠다. 미건 모리스가 말했듯, 근대라는 것은 종종 "이미 알려진 역사로서 이해된다. 그것은 이미 다른 어딘가에서 발생했던 것이며, 아마도 기계적으로 또 다른 지역의 내용이 가미된 채 재생산될 따름이다."[76] 펭 치아에 따르면, 우리는 여전히 "보편적 지식의 주제를 서구와 동일시하며, 그 외 다른 모든 지역들을 특수성의 자리에 놓아버리는" 관념의 매트릭스 안에 갇혀 있다.[77] 따라서 "아이러니하게도 아시아의 자료나 데이터는 서구 이론의 개념과 방법론을 통해서 처리된다."[78] 아리엘 헤르얀토에 따르면, 서구는 "주로 사회과학 및 인문학의 보편 이론을 입증할 수 있는 경험적 데이터를 비서구에서 수집할 것으로 기대된다."[79] 우리는 어떻게 과학기술학의 단순 자료나 데이터가 아닌 방법이자 이론으로서의 동남아시아를 상상할 수 있을 것인가? 사회이론가 마이클 더튼은 "유럽이나 북미보다는 아시아에 경험적·지리적 기반을 둔 이론적인 성격의 저작을 쓰는 것이 불가능"한 것처럼 보인다고 개탄했다. 어째서 "비유럽으로부터 "이론"이 등장할 때마다 예외 없이 "응용 이론"으로 치부되며, 오직 구미의 "진짜" 이야기를 더 설득력 있게 전달하는 데 도움이 되는 경우에만 제한적으로 가치가 있다고 가정하는가?"[80]

그렇다면 동남아시아와 함께 생각한다는 것은, 그리고 사실상 전 지구적이라는 수식어를 붙일 수 있는 그러한 동남아시아를 상정한다는 것은 무엇을 의미할까? 다케우치 요시미의 방법으로서의 아시아론에 도발적인 수정을 가했던 천광싱은 어떻게 "아시아의 여러 사회들이 아시아를 상상의 고정점으로 사용하여 서로가 서로에 대한 참조점이 될 수 있으며, 그렇게 함으로써 자기 이해를 새롭게 할 수 있고 또 주체성을 재건"할 수 있을지 설명한다.[81] 결정적으로 이러한 프로젝트는 결국 "이론"의 "비제국주의화"를 필요로 한다.[82] 천광싱은 동아시아 지역에서 민족주의와 토착주의에 몰두하며 "아시아적 가치"를 존재론적으로 반증하려는 흐름에 반대한다. 대신 그는 아시아 지식인들에게 자신들의 포스트모던한 지리적 장소들과 이질적이고 탈식민주의적인 역사들을 자각할 것을 촉구한다. 너무 오랫동안 아시아인들은 방법으로서의 서구를 무비판적으로 사용해 왔다. 그리하여 "여러 아시아인들이 서로를 지적으로 알아갈 수 있는 기회들이 북미와 유럽을 지향하는 욕망의 구조에 의해 종종 차단되어 왔다."[83] 방법으로서의 아시아의 시험적 역할은 "우리의 주체성과 세계관을 사유하기 위한 준거의 틀을 다중화함으로써, 서구적인 것을 둘러싼 불안이 희석될 수 있도록, 생산적이고 비판적인 작업이 진전될 수 있도록 하는 것"이라 생각된다.[84] 여기서 나는 다시 한 번 시험적이라는 말을 강조하고 싶다. 우리 곁에는 언제나 아시아를 일종의 중국 본질주의로 환원해버릴 위험성이 존재해왔다. 미조구치 유조가 제안했던 "방법으로서의 중국"이 하나의 사례가 될 수 있을 것이다.[85] 또한 이티 에이브러햄은 존재론적 방향으로 경도된 탈식민주의 과학학이 힌두 근본주의(Hindu fundamentalism)와 공모할 가능성에 대해 경고한 바 있다.[86] 그러나 동남아시아로부터 방법으로서의 아시아를 사유함으로써 우리는 확실히 이 기획을 더 불안정하게 하고 분산시킬 수 있으며, 더 생산적이게 이질적인 것으로 빚어낼 수 있다. 판파티가 지적한 것처럼, ""아시아"의 다변성, 모호성, 그리고 난해함은 방법론적으로 말하자면 하나의 자산이다."[87] 따라서 우리는 시급히 시험적이되 어떠한 방향성을 지닌 장치로서의 트랜스지역적인 분석$_{\text{analysis}}^{\text{transregional}}$을 두텁게 할 필요가 있다.

    나는 동남아시아와 더불어 사유한다는 것이 어떻게 과학, 기술, 의학에 관한 우리의 개념들을 변화시킬 수 있을지, 시간성, 역사성, 근대성에 대한 우리의 생각들을 바꿀 수 있을 것인지 고민해왔다. 그러나 심지어 이 글을 쓰는 이 순간에도 다케우치의 애처로운 얼버무림이 내 귓가에 들려오는 것만 같다. "나는 이를 "방법으로서의 아시아"라고 부른다. 그러나 이것이 정확히 무엇을 의미하는지 말하는 것은 불가능하다."[88]

Warwick Anderson, "STS with East Asian Characteristics?" *East Asian Science, Technology and Society* 14 (2020): 163-168.

6 동아시아 특색의 STS?

아이러니하지만 행위자, 네트워크, 그리고 동체^{mobiles}—불변의 동체든 가변적인 동체든—따위의 범주에 의존하지 않고 최근 동아시아에서의 STS의 번영을 설명하기란 대단히 어렵다.[1] 특히, 혹자는 『동아시아 과학기술과 사회』의 창립 주편인 푸다웨이를 진취적인 타이완의 루이 파스퇴르로 상상할 수도 있을 것이다. 그는 "동아시아적인 STS"라는 하나의 독특한 패키지를 현실화하고 동원해내기 위해 다양한 행위자들과 행위소들을 일사분란하게 등록하고 지휘했다. 이 과정은 레이샹린雷祥麟이 매우 생생하게 보여준 것처럼, 지난 세기에 "중의학^{Traditional Chinese Medicine}"을 발명하기 위해 분투했던 인물들의 노력과 그리 다르지 않은 것이었다.[2] 2007년 창간 이래 『EASTS』 권호의 목차와 자문 편집인의 명단만 훑어보아도 동아시아적 STS 만들기라는 과업에 매혹된 수많은 행위자들을 확인할 수 있다. 쓰카하라 토고 등은 동아시아적 STS라고 할 만한 것을 구성하는 몇몇 국가적, 지역적, 전 지구적 네트워크들을 개괄한 바 있다.[3] STS라는 "이론-방법론 패키지"—아델 클라크와 리 스타가 말했을 법한 표현을 빌리자면—의 가변성의 문제는 푸다웨이가 쓴 2007년 창간호의 도발적인 서문 이래 『EASTS』의 지면상에서 수많은 논의를 촉발했다.[4] 그렇다면 『EASTS』는 처음부터 STS라는 동체의 가변성과 가소성을 드러내는 역할을 탈식민주의적인 방식으로 수행해왔다고 할 수 있을 것이다.

이 과업은 실로 구미를 표준으로 삼는 STS 연구 모델의 지적 주권과 내구성에 대한 용맹한 도전이었다. 이 생산적인 우상파괴의 정신이야 말로 내가 이 프로젝트에 매력을 느낀 이유였다.[5] 물론 마오주의자의 아들로서, 과연 우리의 인식 체계에 진정으로 혁명적인 변화가 있었는지 회의하게 되는 순간들이 없지 않았다. 또한 우리가 북대서양의 앙시앙레짐을 무너뜨린 후 단지 그 자리를 대체할 또 다른 형태의 지적 주권을 세우고 있는 것은 아닌지—브뤼노 라투르라면 이를 또 다른 정화의 시도로 규정했지도 모르겠다—우려스러울 때도 있었다.[6] 그러나 지금 돌이켜 보면, 21세기 초 타이완의 지적·문화적 생태계—식민화로부터 대륙과의 주권 분쟁으로 이어지는 일련의 역사들, 선주민과 정착민 간의 관계에 대한 비판적인 감수성, 최근의 민주화운동, 그리고 다중의 아시아들과 태평양의 접점에 위치하고 있다는 점으로부터 영향을 받아 형성된—가 『EASTS』로 하여금 잘 닦여진 탄탄대로에 안주하기보다, 열정을 갖고 가장 고되고 구불구불한 길을 헤쳐 나가도록 했던 것 같다. 나는 이러한 "창립자 효과"에 대해 조금 더 고민해보고 그 특이한 계보—비판적 탈식민주의를 견지하며 다양성을 대담하게 포괄하는—를 더듬어볼 것을 요청한 궈원화郭文華, Wen-Hua Kuo 에게 감사를 전한다.

    이런 종류의 일이 대개 그러하듯, 내가 구체적으로 동아시아적인 형태의 STS에 발을 들이게 되는 과정은 느리고 다소간 우연적이었다. 1990년대에 나는 필리핀의 식민주의 과학과 의학에 대해 폭넓게 글을 쓰며 동남아시아 지역 내부의 교류와 비교를 연구하고 있었다. 그렇다 보니 홍콩 이북으로 넘어갈 일이 거의 없었다.[7] 그 후 세기말이 되어 내가 테크노사이언스에 대한 비판적인 탈식민주의 연구를 옹호할 때, 타이완 출신 STS 학자들을 처음으로 주목하게 되었던 것 같다. 2001년 말, 그로부터 몇 해 전 런던 웰컴 트러스트 의학사 센터Wellcome Trust Centre for the History of Medicine에서 만났던 리샹런李尚仁, Shang-jen Li과 당시 타이완 중앙연구원Academia Sinica 사회과학·철학연구소 소장이었던 안젤라 르엉梁其姿, Angela Ki-che Leung으로부터 타이베이에서 몇 차례 강연을 해달라는 초청을 받게 되었다. 그리하여 2002년 12월, 열흘 간 타이완을 만끽할 수 있었다. 이 기간 동안 나는 동남아시아 나병leprosy의 역사에 대해 강연하거나 그 무렵 가브리엘 헥트와 내가 편집했던 『과학에 관한 사회적 연구』 특집호의 서문인 「탈식민주의 테크노사이언스」라는 글을 소개했다. 의도했던 것은 아니지만 이러한 주제들이 꽤나 적절했던 것 같다. 당시 르엉은 중국의 나병에 대한 저서를 집필하고 있었으며, 동아시아의 반半식민주의적 위생 관행에 대한 대규모 연구 프로젝트를 주도하고 있었다.[8] 마찬가지로 테크노사이언스 연구와 탈식민주의 비평을 접목시키고자 했던 나의 고민 또한 의외로 적절한 문제제기였던 것 같다. 이 타이완행을 계기로 나는 푸다웨이와 레이샹린을 만났으며, 둘은 타이완의 역사—일본의 식민화와 대륙과의 주권 분쟁—가 어떻게 타이완(그리고 종종 동아시아의 다른 장소)에서 STS의 부상을 강력하게 추동하고 있는지 설명해주었다. 즉, 타이완은 탈식민주의적 비판을 살찌울 예외적일 정도로 비옥한 토대였던 것이다. 그러나 내가 기억하기로 그 당시에 새로운 STS 저널의 창간에 대해 언질을 주는 사람은 아무도 없었다. 적어도 나에게는 말이다.

몇 년 후, 푸다웨이는 『동아시아 과학, 기술, 사회: 국제 학술지』라고 이름 붙인 학술지의 편집위원으로 합류해줄 것을 요청해왔다. 이 학술지는 타이완 국가연구위원회(현 과학기술부)의 지원을 받아 2007년 야심차게 창간호를 발간했다. 의심의 여지없이 푸다웨이의 제안은 영광스러운 것이었지만, 당시 나는 몇 가지 우려를 표했음을 인정한다. 『EASTS』는 STS란 무엇인가라는 근본적인 질문에 새로운 대답을 내놓고자 하는가, 아니면 단순히 전통적인 사례연구들만을 늘려나갈 생각인가? 동북아시아만을 다룰 것인가, 아니면 동남아시아, 심지어 태평양까지도 포괄할 의사가 있는가? 과학기술학$^{\text{science and technology studies}}$과 대별되는 과학, 기술, 사회$^{\text{science, technology, and society}}$라는 표어를 내세우는 실제적인 목적은 무엇인가? 또한 타이완, 일본, 한국의 학자들이 속한 그룹과는 별개로 "동아시아 외부" 혹은 "서구"의 자문위원회를 이끌어달라는 것이 처음에는 불편했다. 그러나 나는 곧 주변화되는 이 불편한 기분을 하나의 유용한 배움의 기회로 간주하기로 했다. 이러한 거침없는 현지화는 전지구적 중요성에 관한 나의 기본 전제를 흐트러 놓았다. 그러나 이는 응당 그래야만 하는 것이었다. "유럽"이라는 우리의 오랜 친구와 마찬가지로 나 스스로도 다른 누군가의 방식에 맞춰 탈중심화되고 지방화되어야 했던 것이다. 아무튼 푸다웨이는 수완 좋게 나를 그의 야심찬 새 프로젝트로 끌어들였고, 이 과정에서 나는 나 스스로를 다르게 생각하게 되었다.

    나는 특히 『EASTS』 창간호에 수록된 푸다웨이의 글의 첫머리가 인상적이었다. 그는 다음과 같이 썼다. "동아시아의 특별한 지역 경험들, 공통의 문화적·식민주의적 역사들, 유사한 지질학적·기상학적 여건, 그리고 서구가 주도하는 세계 속에서 유사한 위치들을 점하고 있다는 점 등이 동아시아적인 STS로 하여금 신선한 관점을 제시하게 하리라 (…) 우리는 강하게 믿는다."[9] 독자들은 이후 『EASTS』의 지면상에 과연 독특하게 동아시아적인(혹은 여타 지역의 특유의) STS 이론 및 방법론이 존재하는지 여부를 놓고, 또 어떻게 비판적인 지역학의 관점들을 활용하여 테크노사이언스를 새롭게 볼 것인지를 둘러싸고 수많은 논문들이 등장했음을 알고 있다. 즉, 우리는 STS라는 동체의 가변성과 적응성에 초점을 맞추고자 노력해왔으며, 단순히 과학기술이 견고하고 변하지 않는 모습으로 전파될 따름이라는 환상을 답습하지 않았다. 천루이린, 판파티, 린원위안, 존 로 등을 비롯한 많은 학자들이 푸다웨이와 더불어 내가 탈식민주의적 의제라고 간주하는 문제들을 재고하게끔 했으며, 이들의 관점은 적어도 1920년대까지 거슬러 올라가는 동아시아의 초창기 인습타파적 운동들에 암묵적으로 토대를 두고 있었다. 푸다웨이의 후임 편집자인 우자링吳嘉苓, Chia-ling Wu은 페미니즘적 비판과 탈식민주의적 비판을 능숙하게 결합함으로써 동아시아의 테크노사이언스의 형성이 젠더화되어 있다는 점을 더욱 강조했다. 이에 동료 자문위원 중 한 사람인 아델 클라크는 『EASTS』가 동아시아 STS를 주제로 한 최초의 주요 연속간행물일 뿐만 아니라, 초창기 권호들 이래 명시적으로 페미니즘적이면서 동시에 탈식민주의적인 최초의 STS 학술지라고 평가했다. 1980년대에는 우리 중 다수가 가장 흥미롭고 날카로운 이론적·방법론적 통찰을 얻기 위해 『과학에 관한 사회적 연구』의 신간을 학수고대하곤 했다. 21세기에 우리 분야의 가장 급진적이고 혁신적인 학술적 개입을 확인하기 위해 우리는 『EASTS』를 찾는다. 확실히 세계 곳곳의 다른 학자들도 우리와 마찬가지로 동아시아 과학기술학의 비판적인 면모들을 열정을 갖고 지켜보고 있다. 프란체스카 브레이는 "내게 있어 『EASTS』 프로젝트의 가장 매력적인 면은 (…) 서구를 탈중심화 혹은 지방화함으로써 STS에 새로운 생명을 불어넣으려는 노력들"이라고 썼다.[10]

그러나 하나의 지배 혹은 우세를 전복하려는 그러한 시도는 언제나 또 다른 헤게모니를 불러올 위험성을 내포하고 있다. STS의 "방법으로서의 아시아"를 추구하면서 『EASTS』는 강력한 전략적 본질주의의 한 형태인 중국중심주의의 끈질긴 유혹을 경계해야 한다.[11] 그런 의미에서 우리는 비식민 구조주의 존재론들—오리엔트와 옥시덴트의 이분법, 문명의 충돌 혹은 대안적 근대성들에 입각한—과 보다 탈식민주의적인 비판의 분산적인 포스트구조주의적 상상계들$_{\text{imaginaries}}^{\text{dispersive poststructuralist}}$ 사이에서 입장을 조율하는 스스로를 발견한다. 절대적 구별, 즉 본질주의가 갖는 매력이 있고, 반대로 변경지대의 혼종성과 모호성이 갖는 끌림이 있다.[12] 나는 동아시아 STS 프로젝트에 동남아시아—"지역학"의 연구 대상 가운데 가장 늦게 등장했으며 가장 통일성이 떨어지는 지역인—를 포함시키는 것이 균형추를 후자의 방향으로, 즉 이질성, 다중성, 다양성 쪽으로 이동시키는 데에 도움이 되리라 믿는다. 그렇게 함으로써 우리 모두에게 서서히 드리워지고 있는 중국이라는 단일한 거석을 기울어뜨리고 약화시킬 수 있을 것이다. 『EASTS』 창간호에서 푸다웨이는 타이완이 여러모로 편리하게도 "동북아시아와 동남아시아의 교차점에 위치해 있다"라고 언급했다.[13] 일찍이 그는 떠오르는 동남아시아 과학학 연구들에 관한 특집호의 편집을 의뢰했고, 나는 이 일을 기꺼이 수행했다.[14] 내 후임 편집위원인 마이클 피셔$_{\text{J. Fischer}}^{\text{Michael M.}}$와 그레고리 클랜시 또한 모두 아시아(와 태평양 지역)의 무궁무진하게 다양한 "아래쪽 지역" 전문가들이다. 또한 내가 엥셍 호의 "두터운 트랜스지역주의" 개념을 동남아시아에 위치지어진 과학학에 적용했을 때 얻을

수 있는 함의를 살펴보고자 했을 때, 가장 확실한
출판처는 다름 아닌 『EASTS』였다.[15] 과거 『EASTS』의
지면에서 언급한 바와 같이, "과학, 기술, 의학의
"가장자리 효과"에 관해 더 많은 연구가, 경계 서식지와
접촉지대에 대한 조사가, 아시아와 그 외 다른 곳에서
개념적인 범위 마진conceptual range margins 에 대한 탐색이
필요하다."[16] 『EASTS』의 많은 장점 중 하나는 바로
이와 같은 필요한 작업들을 진행할 수 있는 새로운
공간을 개창했다는 점이다.

　비록 우리가 일상적인 책임을 지고 있는 것은
아니지만, 나를 비롯하여 편집위원회에 간여하고 있던
사람들은 이 새로운 국제 학술지를 창간하고 유지하는
것과 관련하여 숱한 도전과 좌절이 있었음을
가까이에서 지켜보았다. 얼마 지나지 않아 우리는
첫 출판사의 몇몇 단점에 대해 불만을 갖게 되었고,
그 편집, 디자인, 배포의 퀄리티에 대해 불평했다.
개인적으로는 동남아시아 STS 특집호의 하나로 투고를
받은 루돌프 므라젝의 원고가 완전히 다른, 심지어
아예 들어본 적이 없는 엉뚱한 사람의 이름으로 나갈
뻔했을 때, 이러한 불쾌감이 절정에 달했다. 다른
편집자들의 격려와 더불어 아델 클라크와 나는 우리

모두가 잘 아는 한 출판사와 연락을 시작했다. 2010년 2월, 나는 듀크 대학교 출판부의 켄 위소커$^{Ken}_{Wissoker}$에게 다음과 같이 말했다.

> 『EASTS』는 동아시아 과학기술학이라는 신흥 분야를 선도하고 있습니다. 이 작업에는 동남아시아도 포함되어 있습니다. (…) 『EASTS』는 창간 이후 불과 몇 년 만에 동아시아, 특히 타이완, 일본, 한국, 중국의 주요 STS 학자들의 투고를 이끌어낸 바 있습니다. 푸다웨이 편집장의 주도 하에 『EASTS』는 특히 과학과 민족주의, 탈식민주의, 세계화 등의 문제와 관련하여 역사학적이고 방법론적인 논의들을 적극적으로 장려해 왔습니다. 『EASTS』 지면 안에는 국가 단위 과학 정책에 기여하고자 하는 저자들과 비판적인 분석에 헌신하는 저자들 사이의 긴장이 존재합니다. 흥미롭고 생산적인 긴장이라는 것이 제 생각입니다.[17]

이 접촉은 시기적으로도 적절했다. 마침 탈식민주의 이론 분야에서 유명한 듀크대 출판부도

STS 분야로 확장을 꾀하고 있었던 것이다. 또한 성공적으로 운영되던 학술지 『포지션스: 아시아 비평$_{asia\ critique}^{positions:}$』의 자매지로 과학에 초점을 맞춘 학술지를 찾고자 했다.[18] 위소커는 학술지 부서의 선임 편집자 에릭 스타이브$_{Staib}^{Erich}$에게 내 이메일을 포워드했다. 스타이브는 약간의 추가 조사를 거친 후 우리의 비공식 제안에 "오랫동안 상호 이익이 될 것으로 기대되는 관계 구축의 여지가 있을 것 같다"라고 평했다.[19] 그 즈음 푸다웨이와 타이완의 동료들은 국가연구위원회와 듀크대 출판부와의 논의에 착수했다. 이 과정은 지난했지만 궁극적으로 성공적이었다. 동시에 푸다웨이는 또한 마리오 비아지올리$_{Biagioli}^{Mario}$, 프란체스카 브레이, 아델 클라크, 판파티, 마이클 피셔, 샌드라 하딩, 존 로, 넬리 아우드쇼른$_{Oudshoorn}^{Nelly}$, 트레버 핀치$_{Pinch}^{Trevor}$ 등 STS 분야의 저명한 학자들로부터 이 새로운 학술지에 대한 호의적인 "질적 평가"를 확보할 수 있었다. 『EASTS』는 창간된 지 겨우 3년밖에 되지 않은 시점에 이미 『과학에 관한 사회적 연구』나 『과학, 기술, 인적 가치$_{and\ Human\ Values}^{Science,\ Technology,}$』에 준하는 높은 평가 순위를 기록했다. 피셔는 다음과 같이 덧붙였다.

내가 보기에 『EASTS』는 STS 분야의 미래 발전에 있어 절대적으로 중요합니다. 이를 제외하면 다른 일류 과학기술학 학술지 가운데 구미에 기반을 두지 않고 주요 관심사가 구미가 아닌 경우는 전혀 없다고 할 수 있겠습니다. 『EASTS』는 현재 전 지구적인 과학기술의 역동성의 상당 부분을 담당하고 있는 동아시아와 동남아시아로 그 영역을 확장하고 있습니다.[20]

결과적으로 출판사를 설득하는 것은 크게 어렵지 않았다. 2010년부로 듀크 대학교 출판부가 『EASTS』의 출판을 담당하기로 한 이후, 출판부와 학술지 간의 호혜적인 관계는 지속적으로 확장 및 강화되고 있다.

물론 『EASTS』가 듀크라는 마구간 안에서 길들여질 가능성도 있다. 그러나 지금까지는 그 복잡하고 지역적으로 결정된 탈식민주의적인 역사에 충실한 상태로 잘 유지되고 있는 것 같다. 참으로 다루기 힘든 이주자라고나 할까. 『EASTS』는 혼종적이고 심지어 절충적인 형태를 취하지만, 필연적으로 그럴 수밖에 없다. 『EASTS』는 영문에 의존한다는 한계가 있으며, 전통적인 사례 연구들과학제적으로 안전한 논문들을 선호한다. 『EASTS』의 연구들의 템포 혹은 역사성이 유럽 중심의 선행연구라는 메트로놈을 지나치게 가깝게 따라가고 있는 것은 아닌가 싶다. 식민주의, 제2차 세계대전, 냉전, 신자유주의, 세계화의 유산들은 아직까지 지속적으로 학문적 정체성을 빚어내고 우리의 인지 범위를 제약한다. 그럼에도 유의미한 차이들 또한 존재하며, 이탈들도 발생했다. 『EASTS』는 우리로 하여금 과학학 안에서 새로운 생각을 하게 한다. 신선한 질문을 던지고 대안적인 답을 제시하게 만든다. STS 분야의 여러 관성에 안주하려는 유혹에 저항하게 한다. 클라크는 다음과 같이 말했다. "『EASTS』의 성공 및 남아메리카와 다른 곳에서의 STS 제도화 노력은 (…) 테크노사이언스, 사회, 그리고 지구의 과거들과 미래들에 관한 중요한 질문을 함에 있어 STS라는 도구가 점점 더 트랜스내셔널하게 받아들여지고 있음을 보여준다."[21] 우리는 STS라는 도구상자―그 자체로 가변의 동체들의 이동하는 집합체인―가 탈식민주의적인 기획으로서 그 어느 때보다 더 다채롭고 다양하고 논쟁적이며 난잡한 것이 되기를, 예컨대 타이완(그리고 넓은 의미의 동아시아)의 사례에 기원을 두지만 아프리카, 남아메리카, 태평양 등지에서 STS의 이야기들이 다른 모습으로 발현되기를 기대해볼 수 있을 것이다.

역자 해제

워릭 앤더슨의 글은 불친절하고 어렵다. 심지어 본인도 자신의 글을 "횡설수설^{ramblings}"이라고 할 정도다. 이 난해한 텍스트가 담아내려고 하는 대상은 더 미끄럽다. 탈식민주의적인 것은 "느낌적인 느낌^{vibe}"이라고 하고, 방법으로서의 아시아에 대해서는 "정확히 무엇을 의미하는지 말하는 것은 불가능"하다고 한다. 되돌아보면 스승으로서의 앤더슨도 그러했다. 세미나 시간에 여러 문헌을 함께 읽고 토론했지만, 역자를 비롯한 학생들은 자주 길을 잃고 헤맸다. 그럴 때마다 앤더슨은 옅은 미소를 띠며 "애매모호한 것들을 잘 견디는 것$^{\text{bear with the}}_{\text{ambiguities}}$"이 학자, 특히 역사학자와 인류학자에게는 미덕이라고 말해주곤 했다. 불초한 역자로서는 이 해제를 쓰면서도 독자들께 애매모호한 것들을 잘 견뎌달라고 부탁드리는 결례를 피하기 어려울 것 같다. 다만, 아래에서는 앤더슨의 학문적 여정을, 그리고 역자가 앤더슨의 글들을 읽고 그와 여러 차례 대화를 나누며 더듬더듬 꼴을 맞춰나간 사유의 윤곽을 대략적으로나마 소개하고자 한다. 물론 역자의 이해가 앤더슨의 문제의식에 대한, 탈식민주의 과학기술학과 방법으로서의 아시아라는 문제에 대한 유일한 해석은 결코 아닐 것이므로, 부디 독자들의 자유롭고 폭넓은 독해에 방해가 되지 않는 선에서 참고가 되었으면 한다.

1   워릭 앤더슨

워릭 앤더슨은 호주 출신의 과학사 및 의학사 연구자로 멜버른 대학교에서 의학박사학위를, 펜실베이니아 대학교 과학사·과학사회학과에서 박사학위를 취득했다. 하버드 대학교와 위스콘신 대학교 매디슨 캠퍼스에서 동남아시아, 오세아니아, 태평양 지역을 중심으로 과학사, 의학사, 공중보건사, 탈식민주의 과학기술학을 가르쳤으며, 현재는 시드니 대학교 사학과와 인류학과에서 교편을 잡고 있다. 주요 저서 및 편집서로는 『식민주의의 병리: 필리핀에서의 미국 열대의학, 인종, 위생 *Colonial Pathologies: American Tropical Medicine, Race, and Hygiene in the Philippines*』(듀크 대학교 출판부, 2006), 『백인성을 함양하기: 호주에서의 과학, 보건, 인종적 명운 *The Cultivation of Whiteness: Science, Health, and Racial Destiny in Australia*』(듀크 대학교 출판부, 2006), 『잃어버린 영혼 수집가: 쿠루 과학자들을 백인으로 전환하기 *The Collectors of Lost Souls: Turning Kuru Scientists into Whitemen*』(존스홉킨스 대학교 출판부, 2008), 『태평양의 미래들: 과거와 현재 *Pacific Futures: Past and Present*』(하와이 대학교 출판부, 2018), 『분변의 스펙터클 *Spectacles of Waste*』(폴리티, 2024), 『거대 규모의 의학: 사회 의학의 지구사 *Medicine on a Large Scale: Global Histories of Social Medicine*』(케임브리지 대학교 출판부, 2025) 등이 있다. 뿐만 아니라, 본 편역서에 소개된 논문들을 중심으로 탈식민주의 과학기술학 및 과학기술학의 방법으로서의 아시아에 관한 이론적 사유를 최전선에서 주도하고 있다.

앤더슨의 경력과 관련하여 특기할 만한 점은 그가 미국학계에서도 오래 활동했지만 범서구 국가들 가운데에서도 보편 대 특수, 근대 대 전통, 문명 대 원시, 백인 대 비백인 등의 이분법적 모순이 유독 강한 호주 출신이라는 것이다. 본서에서도 언급되고 있는 것처럼, 멜버른-디킨학파로 대표되는 호주의 STS학계는 호주의 주류 사회를 비판적으로 바라보며 그들만의 독특한 시좌視座를 구성해 나갔다. 이 과정에서 과학의 위치성/장소성/식민성/혼종성의 문제에 천착하는 호주 STS 학계의 성향이 형성되었다고 보여진다. 앤더슨은 이러한 호주 학계의 학풍에 입각하여 근대과학의 위치성/장소성/식민성/혼종성이라는 화두를 미국 STS·과학사학계의 공론장에 "탈식민주의 과학기술학$^{postcolonial}_{STS}$"이라는 이름으로 본격적으로(사실상 최초로) 제기한 연구자라고 할 수 있다(본서에 수록된 첫 번째 논문). 이후 2012년(본서의 네 번째 논문)부터는 루쉰魯迅, 다케우치 요시미竹內好, 미조구치 유조溝口雄三, 천광싱陳光興 등 일본과 중화권의 사상가들이 제기한 "방법으로서의 아시아$^{Asia\ as}_{method}$"라는 논점을 영어권 STS 학계로 끌고 들어옴으로써 새로운 이론적 지평을 열고 있다. 이제 앤더슨의 이론 세계를 차근차근 살펴보자.

2 탈식민주의적이라는 수식어

가장 먼저 짚고 넘어가야 할 문제가 있다. 탈식민주의 과학기술학은 왜 탈식민주의적인가? 앤더슨은 "우리가 인정하든 그렇지 않든, 우리는 모두 탈식민주의라는 느낌적인 느낌 안에 있다"라고 말한다. 탈식민주의도 하나의 주의 ism일 텐데 느닷없이 느낌적인 느낌이라니, 당최 이것이 무슨 소리인가?

여기서 앤더슨이 말하는 탈식민주의가 명시적 탈식민주의 $^{explicit}_{postcolonialism}$와 암묵적 탈식민주의 $^{implicit}_{postcolonialism}$로 구분된다는 점에 주목할 필요가 있다. 전자는 흔히 이해되는 바대로 프란츠 파농, 에드워드 사이드, 호미 바바, 가야트리 스피박 등의 사상을 통칭하는 개념이다. 그런데 이들 개별 사상가의 특정한 개념, 문제의식, 학술적·개인적 행보에 동의하지 못하는 사람들도 있을 수 있고, 이들의 사상적 작업이 과학기술학에 어떤 기여를 할 수 있는가를 놓고도 이견이 있을 수 있다. 앤더슨은 탈식민주의와 과학기술학이 어떻게 생산적으로 상호 교차할 수 있을 것인지 고민하는 과정에서 위의 사상가들의 구체적인 작업에 지나치게 논의를 국한시킬 필요가 없다고 느꼈던 것 같다. 따라서 앤더슨이 말하는 탈식민주의 과학기술학에서 탈식민주의적이라는 수식어는 후자, 즉 암묵적 탈식민주의와 더 관련성이 깊다.

역자가 볼 때, 암묵적 탈식민주의라는 "느낌적인 느낌"이란 근대세계를 만든 주요 동력 가운데 하나가 식민주의colonialism였음을 인정하는 세계인식 혹은 비판정신을 뜻한다. 다시 말해, 근대세계는 이성, 자유, 진보, 물질적 풍요 등 그 빛나는 성취에도 불구하고 식민주의적 폭력과 지배 없이는 성립 불가능하다는 인식이다.[1] 그렇다면 탈식민주의 과학기술학이란 서구의 근대과학을 이처럼 식민주의가 만든 세계를 구성하고 유지하는 데에 일조하는 지식체계로 보겠다는 정치적인 선언이자 태도인 것이다. 또한 서구적/근대적/식민주의적인 힘에 예속되어 온 비서구인들의 존재와 지식을 비식민화 decolonization하겠다는 윤리적 지향과 목표의식의 표현이기도 하다. 이러한 정치적·윤리적 감각을 직간접적으로 견지하는 사람은 "모두 탈식민주의라는 느낌적인 느낌 안에 있다"는 것이다. 따라서 앤더슨은 다음과 같이 말한다.

비록 그들이 탈식민주의의 언어와 문헌들을
명시적으로 참고하지는 않았다고 하더라도,
과학의 이동을—그리고 비서구로 이동함에 따라
과학에 발생하게 된 변화를—연구하는 대부분의
학자들은 유럽중심주의를 비판하는 일에, 그리고
식민주의가 만들어온 세계를 인식하는 일에
관여하고 있다.(55쪽)

3   과학의 장소성과 이동성

탈식민주의 과학기술학의 특징적인 면모 중 하나는
과학지식의 **장소성**과 **이동성**에 주목한다는 것이다.
오늘날 한국인의 입장에서 볼 때, 근대과학이라는 것이
"서구"에서 "발원"하여 "한반도"로 "전파"되어 왔다는
명제에는 전혀 새로울 것이 없다. 과학을 바라볼 때,
이미 장소성과 이동성이 우리 생각 속에 자명하게
기입되어 있는 것이다. 그러나 탈식민주의적 느낌적인
느낌을 공유하지 않았던 초기 과학사·STS
학자들에게는 이런 감각이 당연하지 않았다. 오히려
그들에게 자연스러운 인식은 과학의 역사와 진보는

공간적으로 "서구" 내부에서만 펼쳐질 수 있다는 것이었다. 따라서 이들은 "서구 바깥"이라는 장소를 굳이 의식하지 않았다. 과학이란 으레 유럽의 것이기 때문에 유럽 바깥으로의 이동이라는 논점도 그리 흥미로울 수 없었다. 즉, 과학의 장소성이나 이동성이라는 요소는 유의미한 변수가 아니라 일종의 상수로 처리되어 괄호 안에 넣어졌다. 안과 밖의 구별을 의식하지 않/못하니 특수와 보편의 구별, 부분과 전체의 구별도 가능할리 만무했다. 따라서 오랫동안 근대과학은 유럽이라는 국소적인 장소에서 기원한 하나의 특수한 지식체계라기보다는, 모든 장소에서 유효한 보편적인 것으로, 일종의 "장소 없음의 관점 the view from nowhere"으로 여겨질 수 있었던 것이다.

이처럼 과거에는 과학의 장소성이라는 문제가 문제 자체로도 인지되지 못한 경우가 많았기 때문에 이를 가시화하는 것만으로도 사학사적으로 의미 있는 주장을 전개하는 것이 가능했다. 동아시아 STS의 선구자 중 한 사람인 나카야마 시게루中山茂의 다음과 같은 주장도 이러한 맥락에서 이해할 수 있을 것이다.

나는 보통 나 같은 학자들이 버클리나 파리의

학자들보다 더 폭넓은 시각을 갖는다고 주장한다. '주변'에 위치한 학자들은 '중심'에서 벌어지는 일을 알지만, '중심'의 학자들은 '주변'에서 벌어지는 일에 관심을 갖는 일이 드물기 때문에, 중심에 위치한 이들은 일반적으로 서구 과학사 분야에 국한된 편협한 전문가로 간주되는 편이 더 정확할 것이다.[2]

앤더슨은 아마도 "중심"과 "주변"의 위계의 도치 혹은 전복을 말하는 나카야마의 이 일성 안에서도 탈식민주의적인 느낌적인 느낌을 포착할 것이다.

한편, 과학의 장소성과 이동성을 부각시키는 연구자 모두가 탈식민주의적이라고 할 수는 없을 것 같다. 다시 근대과학이 서구에서 발원하여 한반도로 전파되어 왔다는 명제로 돌아가 보자. 이러한 명제의 원형이 되는 논의를 시작한 사람은 하버드 출신 과학사학자 조지 바살라였다. 그의 1967년도 논문 「서구과학의 확산 The Spread of Western Science」은 서구 근대과학이 비서구 지역으로 "전파"되는 과정을 세 단계로 구분하여 설명한다. 이러한 바살라의 전파주의적 diffusionism 논의의 특징은 근대과학을 자기완결적인 서구발 지식체계로 간주하며, 서구에서 비서구로의 과학의 이동을 일방적인 것으로 본다는 것이다. 지식의 이동과정에서, 비서구라는 도착지점에서 어떤 일이 벌어지는가는 크게 중요하지 않다. "현지의 여건들이 유럽의 앎의 방식에 어떠한 영향도 미치지 않"을 것이기 때문이다. 단적으로 말해, 바살라와 전파주의자들은 근대과학이 한반도에 도달하기 이전에 조선 땅에는 자연세계에 관해 어떠한 지식이 존재했는지 크게 관심을 갖지 않을 것이며, 조선의 지식이 무엇이든 이미 일종의 완성 상태로 전파된 근대과학에는 아무런 영향을 미치지 못한다고 여겼을 것이다. 요컨대, 전파주의는 과학의 장소성과 이동성을 의식하고 있다. 지구 전체를 과학사 및 STS의 인지 범위 안으로 불러들인다. 그러나 전파주의자들이 보는 유럽 바깥의 세계란 식민주의적 우여곡절이 펼쳐지는 공간이 아니라 그저 매끈하고 텅 빈 장소이다. 다시 말해, 전파주의는 "식민주의의 정치적·경제적인 영향을 간과했고, 제국에 의해 강제된 종속과 불평등이 여전히 지속되고 있다는 현실을 감춰버린다."(118쪽)

4 과학의 혼종성

서구발 과학이 비서구 지역들에 매끄럽게 안착하는 그림을 전파주의 과학기술학이 그린다면, 탈식민주의 과학기술학은 우선 그 도착지점에 돋보기를 들이댄다. 탈식민주의 과학기술학이 선호하는 대안적인 인식틀은 그 도착지점을 종래의 전통적인 지식체계들, 혹은 토착적인$^{native\ or}_{indigenous}$ 과학 전통들이나 지역 지식들$^{local}_{knowledge}$이 존재하는 공간으로 바라본다. 그리고 이런 공간에서 서구과학과 이 지식체계들 사이에서 충돌^{clash}, 협상^{negotiation}, 차용^{borrowing}, 번역^{translation}, 재배치^{redeployment}, 전유^{appropriation}, 저항^{resistance}, 전복^{reversal}, 변형^{transformation} 등 복잡다단한 현상이 발생한다는 것이다. 이렇게 비서구라는 과학의 도착점은 복수의 이질적인 지식과 문화가 조우하는 "접촉지대$^{contact}_{zones}$"로 개념화된다. 비서구 접촉지대의 주민들은 식민주의적 세계 속에서 피식민자의 위치에 전락하게 되었을지언정, 서구 근대과학을 곧이곧대로 받아들이는 무력한 피해자이기만 했던 것은 아니며, 일정한 행위능력^{agency}을 인정받게 된다. 이런 과정의 결과로서 접촉지대에서 등장하는 지식은 근대과학 그 자체도, 기존의 지역 지식도 아닌, 혼종적인^{hybrid} 무엇이 된다. 이러한 의미에서 전파주의자들은 과학을 "부동의 동체$^{immutable\ mobiles}$"로 보지만, 탈식민주의 과학기술학자들은 "가변적인 동체$^{mutable\ mobiles}$"로 이해한다는 앤더슨의 언설을 이해해 볼 수 있을 것이다.

과학의 혼종성이라는 인식을 비단 전파주의자들이 설정한 출발점과 도착점에만 제한적으로 적용할 필요는 없을 것이다. 과학의 장소성, 이동성, 혼종성이라는 탈식민주의 과학기술학의 핵심적인 논점들을 논리적으로 밀어붙였을 때, 전 지구적 공간 위에는 다양한 과학들을 생산해내는 무수히 많은 점들과 결절들이 존재한다는 인식이 도출될 수 있다. 이 점들 중 유독 유럽과 북아메리카만을 특권화시킬 필요가 없을 수도 있다는 것이 탈식민주의 과학기술학자들의 생각이다. 또한 수많은 결절들 가운데 특정한 점들 간의 관계성이나 여러 점들 사이의 연결성을 포착하고 분석하기 위해 사용되는 개념이나 메타포들로 "네트워크," "집합체^{assemblage}," "순환^{circulation}" 등이 본문에서 거론된 바 있다. 네트워크들, 집합체들, 순환들로 가득 찬 세계인식은 다음과 같은 것이다. "모든 곳이 혼종적이거나 불완전한 근대성들로 뒤덮여있을 뿐이다. 순수한 근원이라는 것은 존재하지 않는다."(00쪽) 인용된 문장에서 근대성은 근대과학으로 치환될 수 있을 것이다. 이렇게 탈식민주의 과학기술학은 과학의 통일성$^{\text{unity of science}}$에 관한 20세기의 믿음과 고별하고, 과학의 비통일성^{disunity}을 상정하게 된다.

5 혼종성의 끌림, 본질주의의 매력

앤더슨은 통일되지 못한 혼종적인 과학들이 지역마다 무수하게 증식된다는 탈식민주의적인 인식이 크게 두 가지 우려를 불러일으켰다고 생각하는 것 같다. 첫 번째 의구심은 과학의 혼종성을 인정한 결과로써 파생되는 무수하게 많은 지역적 과학사들$^{\text{local histories of science}}$, 파편화된 종족사들^{ethnohistories}을 어떻게 다시 종합 및 일반화할 수 있는가라는 문제와 관련이 있다. 이러한 문제의식을 대변하는 과학사학자 데이비드 웨이드 체임버스는 "더 일반적인 틀이 없으면 우리는 지역사들$^{\text{local histories}}$의 바다 속으로 가라앉고 말 것"이라고 경고한다. 이에 대한 앤더슨의 대답은 아마도 다음과 같은 역질문일 것이다. 왜 굳이 단 하나의 일반적인 틀을 가지려 하는가?

> 우리는 지식 생산의 탈식민주의적 복수성을 인식하게 되었다. 그렇다면 그 상호작용에 대해 단 하나의 고유한 설명 모델만을 고집할 필요가 과연 있겠는가? 50년 전, 바살라는 과학을 통일된 지식으로 보고 그 확산에 대해 하나의 정합적인 설명 모델을 자신 있게 제시할 수 있었다. 그러나 오늘날의 사정은 사뭇 다르다. 내가 보기에 우리가 바랄 수 있는 최선은 이질성을 조화롭게 만드는 것 혹은 비통일성의 조율인 것 같다.(140쪽)

두 번째 우려는 과학기술학자 이티 에이브러햄의 문제제기와 연결된다. 비통일적이고 혼종적인 세계의 무수히 많은 점들 가운데 몇몇은 자신을 유럽이라는 점과 확연히 다르다고 주장할 수 있다. 그러나 이러한 "차이"에 대한 자기주장을 끝까지 밀고 나갈 경우, 그 혼종적인 기원을 망각하게 될 수 있다. 이러한 맥락에서 에이브러햄은 "탈식민주의가 (...) 특수하고 환원불가능한 지식을 주장하기 위한 어떤 특정한 장소와 연결될 때, 그것이 지식과 장소를 묶어 하나의 본질적이고 단일한 특성을 만들어내는 존재론을 옹호"하게 될 것이라는 점을 염려했다(00쪽). 다시 말해, 유럽중심주의를 비판하고 비서구인들의 지적 역량과 행위능력을 강조한다는 의도에는 문제가 없지만, 그 의도를 관철하는 과정에서 서구와 완전히 단절된, 그리고 비서구의 여타 지역과도 완전히 구별되는 본질화된^{essentialized} 지식-장소의 집합체를 독점적으로 확립하려는 목소리에는 경종을 울려야 한다는 것이었다. 이러한 본질주의는 또 다른 배제와 억압의 기제가 될 수 있기 때문이다. 본문에서는 이러한 존재론적 본질주의의 사례로 힌두 근본주의^{Hindu fundamentalism}와 중국중심주의^{Sinocentrism}가 언급되고 있다.

혼종성 대 **본질주의**라는 문제 앞에서 앤더슨은 에이브러햄과 마찬가지로 전자를 더 지지하며 후자의 위험성에 십분 공감을 표한다. 그러나 동시에 후자가 완전히 배격되어야 하는 사유는 아니라고 보는 것 같다. 앤더슨은 자신의 동료 헬렌 베런이 호주 원주민 욜릉구 사람들의 전통 지식을 전략적으로 본질화하는 것^{strategic essentialism}이 원주민 중심의 지적 비식민화를 지향하는 정치성을 띤다고 말한다. 반면, 힌두 극우 민족주의 세력이나 중화주의자들이 수행하는 본질주의는 소수 종교를 믿거나 소수민족에 속하는 사람들을 인도와 중국이라는 공동체에서 배제하는 정치적 효과를 발휘한다. 그렇다면 혼종성과 본질주의 중 어느 한쪽을 무조건적으로 옹호할 것이 아니라, 그것이 구체적인 상황과 맥락에서 어떤 정치성을 갖는지 판단하는 것이 중요하다. 이 지점에서 판단의 기준은 다름 아닌 연구자들의 발화의 위치, STS라는 학문이 수행되는 위치성positionality에 있다는 것이 앤더슨의 생각이다. 그는 손쉬운 양자택일의 태도를 취하기보다는, 이 판단을 연구자 개개인에게 맡기면서 다음과 같이 본질주의의 매력과 혼종성의 끌림을 모두 인정한다.

> 그런 의미에서 우리는 비식민 구조주의 존재론들—오리엔트와 옥시덴트의 이분법, 문명의 충돌 혹은 대안적 근대성들에 입각한—과 보다 탈식민주의적인 비판의 분산적인 포스트구조주의적 상상계들 사이에서 입장을 조율하는 스스로를 발견한다. 절대적 구별, 즉

본질주의가 갖는 매력이 있고, 반대로 변경지대의
혼종성과 모호성이 갖는 끌림이 있다.[3] (180쪽)

6 과학기술학의 "방법으로서의 아시아"

다시 말해, 연구자가 서 있는 발화의 위치, 연구의
위치성이 중요하다. 필리핀에서의 미국 식민주의
의학에 관한 박사논문으로 연구자로서의 커리어를
시작한 호주 출신 앤더슨에게 있어 주된 발화의 위치는
주로 도서부 동남아시아$^{\text{Archipelagic Southeast Asia}}$ 와 남태평양
지역이었다. 과학기술학의 "방법으로서의 아시아"라는
논점은 완전히 다른 별개의 이론적 주장이 아니라,
앤더슨이 넓은 의미의 아시아—혼종적이고
전 지구적인 아시아들^{Asias}에는 힌두 본질주의와
중국중심주의를 위한 공간은 없지만, 동남아시아와
태평양을 향해서는 그 문이 활짝 열려 있다—라는
자신의 발화의 위치와 과학의 장소성, 이동성,
혼종성을 골자로 하는 탈식민주의 과학기술학을 더욱
적극적으로 연계시킴으로써 도출된 사유라고 생각된다.

다케우치와 마찬가지로, "방법으로서의 아시아"라는 문구를 사용할 때, 나 또한 "이것이 정확히 무엇을 의미하는지 말하는 것은 불가능"하다고 느낀다. 나는 아시아만의 독특한 규범이나 방법론을 묘사하거나 확립하기보다는 오히려 어떠한 발화의 장소를 가리키는 데에 있어 방법으로서의 아시아가 갖는 시험적 가능성들에 대해 이야기하고 싶다. 나는 하나의 인식론적 대항 담론을 내세우려는 것이 아니라, 윤리적 관점을 제시하려는 것이다. (…) 심지어 나는 그것이 "방법"이 아닐 수도 있음을 인정한다. 방법으로서의 아시아는 테크노사이언스를 작동시키는 하나의 지역적인 방식이고, 아직 초기 단계인 하나의 삶의 형식이며, 시간이 지남에 따라 채워져 나갈 하나의 비판적인 연구 분야이다. (…) 우리는 이미 "방법으로서의 아시아"가 근본적으로 탈식민주의적 프로젝트임을, 과학기술학을 비식민화하기 위한 수단임을 알고 있다.(94쪽)

"방법으로서의 아시아"와 관련하여 한 가지 덧붙이고 싶은 점은 앤더슨이 이것을 순수하게 지적이고 추상적인 기획으로만 보고 있지 않다는 점이다. 아시아적인 STS라는 방법은 그 자체로 테크노사이언스의 네트워크와도 같은 대상이다. 파스퇴르가 백신을 안정화시키기 위해 수많은 이질적인 요소들을 "등록"하고 동원했던 것에 빗대어, 앤더슨이 (동)아시아적인 STS를 "정화purification"하려고 분투하는 『EASTS』의 초대 주편 푸다웨이를 "진취적인 타이완의 루이 파스퇴르"라고 부르는 것도 이러한 이유이다. (동)아시아적 STS를 실체화하기를 희구하는 『EASTS』가 영문 학술지라는 장르를 따르는 것 또한 의미심장하다. 영어라는 제국의 언어와 전문 학술지라는 주류화된 형식은 어떠한 지식을 과학적이고 권위 있게 만드는 데에 특화된 역사적 구성물들이기 때문이다.[4]

7   과학기술학과 시간성

지금까지는 앤더슨과 다른 탈식민주의 과학기술학자들이 과학을 어떻게 생각했는지를 주로 공간적인 인식(예를 들어, 장소성, 이동성, 접촉지대,

아시아 등등)을 중심으로 살펴보았다. 여기에 시간적인 차원을 추가할 수 있겠다. 우선 앤더슨은 일부 과학기술학자들이 섣불리 비서구 지역의 과거를 식민주의의 역사로 환원하여 기각한 채 현재에만 천착하는 민족지학적인 연구를 선호하는 모습을 비판한다. 그렇게 하여 주장되는 전무후무함이나 새로움은 과거가 부여하는 구조적 경로의존성을 포착하지 못하는 얄팍한 것일 수 있기 때문이다. 앤더슨이 보기에, 바로 이러한 문제를 예방·상쇄하기 위해 STS 연구자들은 특정한 지역의 깊은 시간성에 민감한 비판적 지역학$^{\text{critical area studies}}$ 분야의 학자들과 교류해야 하는 것이며, 그들로부터 도움을 받을 수 있다.

> 우리는 역사학자들과 사회과학자들이 동남아시아학의 통상적인, 심지어 전통적인 주제들과 연구 방법론 속으로 과학, 기술, 의학을 포함시키는 데에 더 관심이 많다는 점을 알고 있다. 우리가 살펴본 것처럼, 이러한 연구자들은 독특하지만 동시에 외부와 상호작용하는 일련의 역사들로부터 비롯된 행위능력과 위치지어진 지식을 파악하고자 한다. 이들은 탈식민주의적인

방식으로 "현재진행 중인 과거의 잔재, 살아남은 자들, 계속되는 유산들"을 알아가고 있다.(167쪽)

다음으로, 시간성이라는 문제가 관련하여, 근대라는 시대 혹은 일련의 가치들을 건드리지 않고 이 해제를 마무리할 수는 없을 것 같다. 이른바 근대성modernity—본문에서는 종종 유럽중심적인 판본을 지칭할 땐 대문자 M을 써서 Modernity로, 비서구 지역에서 혼종적으로 증식하는 판본들을 일컬을 땐 소문자 m에 복수형으로 modernities라고 표현된다—의 정의가 무엇인가라는 문제는 이 글의 범위를 벗어난다. 다만, 앤더슨이 근대 혹은 근대성을 사유함에 있어 하나의 단선적인 시간을 상정하지 않고 있는 것 같다는 점을 강조하고 싶다. 즉, 전근대$^{pre\text{-}}_{modern}$ 와 근세 혹은 초기 근대$^{early}_{modern}$ 와 근대 그리고 근대 이후를 잇는 목적론적teleological인 시간관은 탈식민주의 과학기술학과 잘 맞지 않는 것 같다.[5] 오히려 대략 19세기부터 현재까지를 근대라는 하나의 시간-가치 덩어리로 인식한 후, 그 덩어리 바깥에 위치하는 것으로 생각되는 시공간들을 상호 연동 가능한 비근대$^{the\ non\text{-}}_{modern}$로 보는 시간인식이 근대성을 비판적으로 사유하는 데 더 유용한 것처럼 보인다. 20세기 말 태평양의 전통 지식, 19세기 초 아프리카의 지역 지식, 그 외에도 주류 근대 과학지식으로 인정받지 못한 채 지구 어딘가에서 사산된 전통적 지식 체계들은, 서로 그 구체적인 내용은 다르겠지만, 식민주의적이고 생태적으로 지속불가능한 근대성이라는 가치-시간을 비판하고 그 이후에 도래할 비근대(들)를 상상하고 예비하는 데에 필요한 영감을 제공할 수도 있다. 이런 식의 시간인식은 라인하르트 코젤렉의 "지나간 미래$^{Futures}_{past}$"라는 개념과도 일맥상통하며,[6] 실제로 앤더슨은 자신이 편집한 『태평양의 미래들』에서 코젤렉을 인용하고 있다.[7]

    도래할 비근대의 시간성을 염두에 둘 때, 탈식민주의 과학기술학의 핵심 정신은 다양한 존재자들의 정체성, 주체성, 지식, 행위능력, 그리고 그것을 발휘하여 만들어 나갈 미래 세상에 대한 준거의 틀$^{frames\ of}_{reference}$을 우리에게 너무나 익숙한 근대성이라는 덩어리 바깥에서 적극적으로 모색하는 데에 있다. 이것이 바로 앤더슨이 이야기하는 "생산적인 우상파괴의 정신"이라고 역자는 이해하고 있다. 이러한 지적 여정 위에서 마치 하나의 정답이 있다는 듯,

모두가 복종해야 하는 올바름이 있다는 듯, "서로 다른 분석 스타일들이 완전히 양립불가능하다고 여기는 비판자들을" 앤더슨은 "신뢰하지 않았다."

8 한국형 STS 혹은 한국이라는 발화의 위치에서
   창발하는 탈식민주의 STS를 위하여

마지막으로 근대 한국이라는 시공간의 주변에서 과학기술학을 연구하는 전문가들이 본 편역서로부터 어떤 메시지를 취할 수 있는지 함께 고민해보자는 제언과 더불어 졸문을 마치고자 한다. 역자는 네 가지 정도를 떠올릴 수 있었다. 첫째, 한국 특유의 과학, 기술, 의학의 속성을, 또 "한국형" 혹은 "한국 중심의 STS$^{Korea\text{-}centric STS}$"라는 방법론을 추구하는 것 자체는 사학사적으로 진보적인 것도 퇴행적인 것도 아니라고 생각된다. 다만, 한국 고유의 것, 특수한 것을 본질화할 때, 이러한 주장이 갖는 정치적 함의는 무엇인지 연구자 스스로 대자적으로 인지할 필요는 있다고 판단된다. 다시 말해, 한국인 STS학자와 한국형 STS는 그 위치성에 대한 자기인식을 필요로 한다. "한국

중심"이라는 것은 전략적으로 본질화된 율롱구에 더 가까울까 중화주의나 힌두 근본주의와 유사한 것일까? 둘째, 한국적인 것(동아시아적인 것)과 그렇지 않은 것을 비교할 때, 공통점과 차이점을 유형론적으로 확인하는 데에만 그치는 것이 과연 충분한지 생각해볼 수 있다. 물론 그 자체로도 의미가 없지 않겠지만, 그러한 비교를 조건 짓는 복잡한 권력관계에 대한 비판의식이 필요하다는 것이 탈식민주의 과학기술학이 우리에게 주는 교훈일 것이다. 셋째, 한국이라는 일국 차원의 층위, 그리고 동아시아 지역이라는 지역적 층위에만 매몰될 경우, 산제이 수브라마냠의 말마따나 자칫 "협애한 지역주의"에 빠질 수 있다. 이를 방지하기 위해 국내 학계에서도 동남아시아, 남아시아, 아프리카, 라틴아메리카 STS의 선행연구들을 더 적극적으로 접하고 토론해야 한다고 생각된다.

역자가 가장 강조하고 싶은 네 번째 논점이다. 한반도 혹은 동아시아 외부와의 연결의 이야기들 또는 한국 및 동아시아의 테크노사이언스가 타지역의 테크노스케이프 technoscape 8를 구성하는 데에 참여한 이야기들을 더 많이 발굴하고 분석하면 좋을 것 같다.

베트남전쟁 시기 남베트남의 수도 사이공에서 핵심도로를 놓았던 한국 엔지니어들의 경험에 대해, 대규모 팜유 플랜테이션을 개척하고 운영하기 위해 인도 칼라만탄과 인도네시아 수마트라에 상주하고 있는 국내 대기업들의 존재에 대해 한국형 STS는 과연 어떤 내러티브를 만들어낼 수 있을까? 오늘날 베트남 GDP의 약 1/4을 차지하고 있는 삼성전자의 테크노사이언스적 존재감을 베트남의 시점에서 본다면, 한국의 STS 학자들은 무엇을 이야기할 수 있는가? 서세동점과 식민주의의 피해자였던 아시아의 약소국 '한국'과 오늘날 경제적·문화적·과학기술적 유사제국$^{quasi\text{-}empire}$이 된 듯 보이는 '한국'은 하나가 아니다. '한국인' 연구자가 탈식민주의 STS를 경유하여 '한국'을 본다면, 마냥 '식민지'요 '변방'이요 '아시아'이기만 할까? 누군가의 시좌에서 '한국'이 이미 '제국'과 '중심'과 '서구'의 자리에 위치하고 있다면, 우리는 무엇을 어떻게 비판해야 하는가?

 매끄럽지 않은 지구 위의 여러 수많은 동료들과 더불어, 탈식민주의라는 느낌적인 느낌을 공유하는 한국 STS 학자들의 관심사도 다음과 크게 다르지 않을 것이다.

당연시되는 지정학적인 범주들을 불안정하게 만드는 것, 권력의 서구적 형태들을 비판적으로 조명하는 것, 전 지구적 불평등과 그것이 어떻게 지역적으로 발현되는지 살펴보는 것, 그리고 서발턴의 목소리들을 긍정하고 회복시키는 것이다.(79쪽)

주(註)

서문

1. 훗날 나는 로젠버그의 통찰을 데이비드 아놀드(David Arnold)에게 언급했고, 그는 이를 다음 저서에서 활용했다. David Arnold, *Colonizing the Body: State Medicine and Epidemic Disease in Nineteenth-Century India* (Berkeley: University of California Press, 1993).
2. Bruno Latour, "Why has critique run out of steam? From matters of fact to matters of concern," *Critical Inquiry* 30 (2004): 225–48; Donna Haraway, *The Companion Species Manifesto: Dogs, People, and Significant Otherness* (Chicago: Prickly Paradigm Press, 2003).
3. Eve Kosofsky Sedgwick, "Paranoid reading and reparative reading; or, you're so paranoid you probably think this introduction is about you," in *Novel Gazing: Queer Readings in Fiction* (Durham NC: Duke University Press; 1997), 1-37.
4. STS 분야의 빙재론, 존재론에 대해서는 또한 다음을 참고하라. Warwick Anderson, "Snap, crackle, and hiss: noise in the system," *Anthropological Theory* (2025): https://www.at-commons.com/pub/3ngd8x6m
5. 캐머런 후(Cameron Hu)는 내 작업 속에서 보다 직접적인 궤적을 식별한다. 다음을 보라. Cameron Hu, "Postcolonial technoscience revisited," *Social Studies of Science* 55, 4 (2024): 613-30.
6. 파티판(Fa-ti Fan)은 이 논점을 놓쳤다. Fa-ti Fan, "Modernity, region, and technoscience: one small cheer for Asia as method," *Cultural Sociology* 10, 3 (2016): 352-68.
7. "Global assemblages of technoscience: an interview with Warwick Anderson, by Amit Prasad," *Science, Technology and Society* 22 (2017): 135-43; "Applying

a southern solvent: an interview with Warwick Anderson, by Marcos Cueto and Ricardo Ventura Santos," *História, Ciências, Saúde-Manguinhos* 23 (2016): 213-25.

1. 탈식민주의 테크노사이언스

1. Vijay Mishra and Bob Hodge, "What is Post(-)Colonialism?," *Textual Practice*, Vol. 5 (1991), 399-414; Anne McClintock, "The Angel of Progress: Pitfalls of the Term 'Post-Colonialism," *Social Text*, 31/32 (Spring 1992), 1-15; Arif Dirlik, "The Postcolonial Aura: Third World Criticism in the Age of Global Capitalism," *Critical Inquiry*, Vol. 20 (1994), 329-56.
2. 예컨대 다음을 보라. Arjun Appadurai, *Modernity at Large: Cultural Dimensions of Globalization* (Minneapolis: University of Minnesota Press, 1996); Lisa Rofel, *Other Modernities: Gendered Yearnings in China after Socialism* (Berkeley: University of California Press, 1999); Aihwa Ong, *Flexible Citizenship: The Cultural Logics of Transnationality* (Durham, NC: Duke University Press, 1999).
3. Ann L. Stoler and Frederick Cooper, "Between Metropole and Colony: Rethinking a Research Agenda," in F. Cooper and A. L. Stoler eds., *Tensions of Empire: Colonial Cultures in a Bourgeois World* (Berkeley: University of California Press, 1997), 1-56, at 4.
4. 다음을 보라. Dirlik, "The Postcolonial Aura," op. cit.; Simon During, "Postcolonialism and Globalization: A Dialectical Relation After All?," *Postcolonial Studies*, Vol. 1 (1998), 31-48. 항상 그렇지는 않지만 일반적으로 말하자면, 우리는 오늘날의 과학적 실천과 기술 발전 사이의 융합과 집합(assemblage)을 지칭하기 위해 "테크노사이언스(technoscience)"라는 개념을 사용하기를 선호하며, 생산적이지 못한 분류상의 논의들을 지양하고자 한다. 테크노사이언스에 대해 브뤼노 라투르가 언급했듯이, "관건은 경계를 열어두되, 우리가 따라가는 사람들이 닫을 때에만 그 경계를 닫는 일이 될 것이다." Bruno Latour, *Science in Action: How to Follow Scientists and Engineers through Society* (Milton Keins, Bucks., UK: Open University Press, 1987), 175.
5. 스테이시 픽과의 개인적 대화(2001년 4월). 또한 다음을 참고. Stacy Leigh Pigg, "Inventing Social Categories through Place: Social Representations and Development in Nepal," *Comparative Studies in Society and History*, Vol. 34 (1992), 491-513.
6. Adele E. Clarke, Laura Mamo, Janet K. Schim, Jennifer R. Fishman and Jennifer Ruth Fosket, "Technoscience and the New Biomedicalization: Western Roots, Global Rhizomes" (unpublished manuscript, Department of Social and Behavioral Sciences, UCSF), 34. 이 인용구의 덜 체계적인 버전을 다음에서 찾아볼 수 있다. Adele E. Clarke, Jennifer R. Fishman, Jennifer Ruth

Fosket, Laura Mamo and Janet K. Schim, "Technosciences et nouvelle biomédicalisation: racines occidentales, rhizomes mondiaux," *Sciences Sociales et Santé*, Vol. 18 (2000), 11–42, at 32.

7. Stuart Hall, "When was "the Post-Colonial"? Thinking at the Limit," in Iain Chambers and Lidia Curti eds., *The Post-Colonial Question: Common Skies, Divided Horizons* (London: Routledge, 1996), 242–60, at 247, 250.

8. 다음에서 인용. Akhil Gupta, *Postcolonial Developments: Agriculture in the Making of Modern India* (Durham: Duke University Press, 1998), 6.

9. Stuart Hall, "Cultural Studies and its Theoretical Legacies," in Lawrence Grossberg, Cary Nelson and Paula Treichler eds., *Cultural Studies* (New York: Routledge, 1992), 277–94, at 293.

10. Roddey Reid and Sharon Traweek, "Introduction: Researching Researchers," in R. Reid and S. Traweek eds., *Doing Science + Culture* (New York & London: Routledge, 2000), 1–20, at 6.

11. Ashis Nandy, "Shamans, Savages, and the Wilderness: On the Audibility of Dissent and the Future of Civilizations," *Alternatives*, Vol. 14 (1989), 263–75, at 263. 또한 다음을 보라. Ashis Nandy ed., *Science, Hegemony and Violence: A Requiem for Modernity* (New Delhi: Oxford University Press, 1988).

12. Sandra Harding, "Is Science Multicultural? Challenges, Resources, Opportunities," *Configurations*, Vol. 2 (1994), 301–330, at 327.

13. Dipesh Chakrabarty, *Provincializing Europe: Postcolonial Thought and Historical Difference* (Princeton: Princeton University Press, 2000).

14. 표현은 다르지만 이와 유사한 구별이 다음 문헌에 제시되어 있다. Bart Moore-Gilbert, *Postcolonial Theory: Contexts, Practices, Politics* (London: Verso, 1997). 특히 1장을 볼 것.

15. Bill Ashcroft, Gareth Griffiths and Helen Tiffin, *The Empire Writes Back: Theory and Practice in Post-Colonial Literatures* (London: Routledge, 1989).

16. Ranajit Guha and Gayatri Spivak eds., *Selected Subaltern Studies* (Oxford: Oxford University Press, 1988); Gyan Prakash, "Subaltern Studies as Postcolonial Criticism," *American Historical Review*, Vol. 99 (1994), 1475–1490.

17. Deepak Kumar, *Science and the Raj 1857–1905* (New Delhi: Oxford University Press, 1995); Roy M. MacLeod and Deepak Kumar eds., *Technology and the Raj: Western Technology and Technical Transfers to India* (New Delhi: Sage, 1995).

18. Frantz Fanon (trans. Charles Lam Markman), *Black Skin, White Masks* (New York: Grove Press, 1967). (역주: 한국어판의 서지 사항은 다음과 같다. 프란츠 파농, 『검은 피부, 하얀 가면』, 노서경 옮김 (파주: 문학동네, 2022).)

19. 탈식민주의 이론에 관한 개괄로는 다음을 참고. Robert J. C. Young, *White Mythologies: Writing History and the West* (London: Routledge, 1990); R. J. C. Young, *Colonial Desire: Hybridity in Theory, Culture and Race* (London:

Routledge, 1995); Patrick Williams and Laura Chrisman eds., *Colonial Discourse and Post-Colonial Theory: A Reader* (New York: Columbia University Press, 1994); Francis Barker, Peter Hulme and Margaret Iversen eds., *Colonial Discourse, Postcolonial Theory* (Manchester, UK: Manchester University Press, 1994); Padmini Mongia ed., *Contemporary Postcolonial Theory: A Reader* (London: Arnold, 1996); Moore-Gilbert, *Postcolonial Theory*, op. cit.; Ania Loomba, *Colonialism/Postcolonialism* (London: Routledge, 1998); Leela Gandhi, *Postcolonial Theory: A Critical Introduction* (St Leonards, NSW: Allen & Unwin, 1998).

20. Homi K. Bhabha, *The Location of Culture* (London: Routledge, 1994); and H. K. Bhabha ed., *Nation and Narration* (London: Routledge, 1990).

21. Gayatri Chakravorty Spivak, *In Other Worlds: Essays in Cultural Politics* (New York: Methuen, 1987), and G. C. Spivak (ed. Sarah Harasym), *The Post-Colonial Critic: Essays, Strategies, Dialogues* (New York: Routledge, 1990).

22. Gilles Deleuze and Félix Guattari (trans. Dana Polan), *Kafka: Toward a Minor Literature* (Minneapolis: University of Minnesota Press, 1986); Dipesh Chakrabarty, "Postcoloniality and the Artifice of History: Who Speaks for "Indian" Pasts?", *Representations*, Vol. 37 (1992), 1-24; Warwick Anderson, "Where is the Postcolonial History of Medicine?", *Bulletin of the History of Medicine*, Vol. 72 (1998), 522-530.

23. Nicholas Thomas, *Colonialism's Culture: Anthropology, Travel and Government* (Princeton: Princeton University Press, 1994), at ix, 8. 일찍이 식민주의적 문화들에 대한 연구를 촉구하던 목소리로는 다음을 참고. Bernard S. Cohn and Nicholas B. Dirks, "Beyond the Fringe: The Nation-State, Colonialism and the Technology of Power," *Journal of Historical Sociology*, Vol. 1 (1988), 224-29. 이 글의 저자들은 "식민주의는 너무 중요한 주제이므로 19세기 유럽사나 제3세계 연구의 부정적인 민족주의로 단순히 치환될 수 없다"라고 주장했다 (ibid., 229).

24. Frederick Cooper, "Conflict and Connection: Rethinking Colonial African History," *American Historical Review*, Vol. 99 (1994), 1516-45, at 1517, 1533. Prakash, "Subaltern Studies as Postcolonial Criticism," op. cit. 프라카시는 서발턴 연구의 변화에 대해 설명한다. 즉, 서발턴 연구는 서발턴의 자율적 주체성을 복원하려는 초기의 노력으로부터 식민주의적 학문들(colonial disciplines)에 대한 역사적 근거를 갖춘 후기의 비판으로 이행했다고 한다.

25. Arturo Escobar, *Encountering Development: The Making and Unmaking of the Third World* (Princeton: Princeton University Press, 1995), 19.

26. 루스 프랑켄버그와 라타 마니는 탈식민주의 이론이 서구 철학의 담론에 대한 비판으로 전락하는 것을 더욱 명시적으로 비판한다. 이렇게 될 경우, 탈식민주의 이론은 서구의 자아(Western Self)를 재고하기 위해 타자(Other)를 이용할 뿐인 또 하나의 이론이 될 따름이다. R. Frankenberg and L. Mani, "Crosscurrents, Crosstalk: Race, "Postcoloniality", and the Politics of Location," *Cultural*

Studies, Vol. 7 (1993), 292-310.
27. 서발턴 연구 그룹의 일원인 데이비드 아놀드는 질병과 식민국가에 대해 집중적으로 연구했다. 다음을 참고. D. Arnold, *Colonizing the Body: State Medicine and Epidemic Disease in Nineteenth-Century India* (Berkeley: University of California Press, 1993). 제국주의에 기여하는 기술적 실천들을 다룬 파농의 초창기 작업을 떠올린다면, 오늘날 탈식민주의 이론에서 의학과 과학이 간과되고 있는 현상은 대단히 의아하다. Frantz Fanon, "Medicine and Colonialism," in John Ehrenreich ed., *The Cultural Crisis of Modern Medicine* (New York: Monthly Review Press, 1978), 229-251.
28. 예를 들어 다음을 보라. Gyan Prakash, *Another Reason: Science and the Imagination of Modern India* (Princeton: Princeton University Press, 1999).
29. Thomas, *Colonialism's Culture*, op. cit., 18. 토머스는 다음 저작들을 인용한다. Arnold, *Colonizing the Body*, op. cit.; Megan Vaughan, *Curing Their Ills: Colonial Power and African Illness* (Stanford, CA: Stanford University Press, 1991).
30. Cooper, "Conflict and Connection," op. cit., 1526, 1541. 쿠퍼는 다음 저작들을 인용한다. Arnold, *Colonizing the Body*, op. cit.; Vaughan, *Curing Their Ills*, op. cit.; Randall Packard, *White Plague, Black Labor: Tuberculosis and the Political Economy of Health and Disease in South Africa* (Berkeley: University of California Press, 1989).
31. W. W. Rostow, *The Stages of Economic Growth: A Non-Communist Manifesto* (Cambridge: Cambridge University Press, 1960), 8.
32. George Basalla, "The Spread of Western Science," *Science*, Vol. 156 (5 May 1967), 611-622.
33. 특히 다음을 참고. André Gunder Frank, *Capitalism and Underdevelopment in Latin America* (New York: Monthly Review Press, 1969); Immanuel Wallerstein, *The Modern World System* (New York: Academic Press, 1974). 다만, 이러한 비판은 대부분 중심부와 주변부의 암묵적인 구분과 전파주의 모델의 경제중심주의를 답습했다. Gilbert M. Joseph, "Close Encounters: Toward a New Cultural History of US-Latin American Relations," in G. M. Joseph, Catherine C. LeGrand and Ricardo Salvatore eds., *Close Encounters of Empire: Writing the Cultural History of US-Latin American Relations* (Durham: Duke University Press, 1998), 3-46.
34. Roy MacLeod, "On Visiting the "Moving Metropolis": Reflections on the Architecture of Imperial Science," in Nathan Reingold and Marc Rothenberg eds., *Scientific Colonialism: A Cross-Cultural Comparison* (Washington, DC: Smithsonian Institution Press, 1987), 217-249.
35. David Wade Chambers, "Period and Process in Colonial and National Science," in Reingold & Rothenberg eds., *Scientific Colonialism*, op. cit., 297-321, at 314. 또한 다음을 보라. D.W. Chambers, "Locality and Science: Myths of Centre and Periphery," in Antonio Lafuente, Alberto Elena, and

Maria Luisa Ortega eds., *Mundialización de la ciencia y cultural nacional* (Madrid: Doce Calles, 1993), 605-618. 다음에 수록된 논문들도 참고할 것. Patrick Petitjean, Catherine Jami, and Anne Marie Moulin eds., *Science and Empires: Historical Studies about Scientific Development and European Expansion* (Dordrecht: Kluwer, 1992). 보다 최근에 체임버스와 리처드 길레스피는 "테크노사이언스의 지역적 인프라를 구성하는 집합체의 집합매개체(conglomerate vectors of assemblage)"를 연구할 것을 권장했다. D. W. Chambers and R. Gillespie, "Locality in the History of Science: Colonial Science, Technoscience, and Indigenous Knowledge," in Roy MacLeod ed., *Nature and Empire: Science and the Colonial Enterprise, Osiris*, Vol. 15 (2000), 221-240, at 231.

36. Paolo Palladino and Michael Worboys, "Science and Imperialism," *Isis*, Vol. 84 (1993), 91-102, at 99, 100. 팔라디노와 워보이스는 과학적 관계들이 가변적이고 다중심적(polycentric)이라는 점을 보여주는 매클라우드의 "움직이는 본국" 개념을 지지한다.

37. Roy MacLeod, "Introduction," in MacLeod ed., *Nature and Empire*, op. cit., 1-13, at 6.

38. Marilyn Strathern, "The New Modernities," in Strathern, *Property, Substance and Effect: Anthropological Essays on Persons and Things* (London & New Brunswick, NJ: Athlone Press, 1999), 117-135, at 122.

39. Bruno Latour, "Irreductions," in Latour (trans. Alan Sheridan and John Law), *The Pasteurization of France* (Cambridge, MA: Harvard University Press, 1988), 153-236, at 227. 그럼에도 불구하고, 라투르는 훗날 "삐딱하게 주변부를 선호하는 태도"를 비판하고 인류학이 "열대로부터 나와 서구라는 고향으로 돌아와야 한다"라고 촉구한다. B. Latour (trans. Catherine Porter), *We Have Never Been Modern* (Cambridge, MA: Harvard University Press, 1993), 122, 100.

40. John Law, "On the Methods of Long-Distance Control: Vessels, Navigation and the Portuguese Route to India," in John Law ed., *Power, Action and Belief: A New Sociology of Knowledge?* (London: Routledge & Kegan Paul, 1986), 234-263.

41. Marianne de Laet and Annemarie Mol, "The Zimbabwe Bush Pump: Mechanics of a Fluid Technology," *Social Studies of Science*, Vol. 30, No. 2 (April 2000), 225-263.

42. Latour, *We Have Never Been Modern*, op. cit., 117.

43. 아마도 다음 저작을 보완할 수 있을 것이다. John Law and John Hassard eds., *Actor Network Theory and After* (Oxford & Malden, MA: Blackwell, 1999).

44. Helen Watson-Verran and David Turnbull, "Science and Other Indigenous Knowledge Systems," in Sheila Jasanoff, Gerald E. Markle, James C. Petersen, and Trevor Pinch eds., *Handbook of Science and Technology Studies* (Thousand Oaks, CA: Sage Publications/4S, 1995), 115-139. 물론 웨이드

체임버스나 다른 사람들도 멜버른을 중심으로 한 이 느슨한 학파의 일원으로 볼 수 있다. 종족사에 대한 특유의 관심을 갖고 역사학과 문화인류학을 교차시킨 연구로 다음 사례를 꼽을 수 있다. Greg Dening, *Islands and Beaches: Discourse on a Silent Land: Marquesas, 1774-1880* (Melbourne: Melbourne University Press, 1980). 여러 해 동안 헬렌 베런과 디페시 차크라바르티는 멜버른 대학교의 같은 학과에서 함께 근무하며 탈식민주의와 과학학에 대한 대화를 나누었다. 또 다른 핵심적 참조점으로는 다음이 있다. Donna Haraway, "Situated Knowledges: The Science Question in Feminism and the Privilege of Partial Perspective," in D. Haraway, *Simians, Cyborgs, and Women: The Reinvention of Nature* (New York: Routledge, 1991), 183-202.

45. Helen Verran, "Re-imagining Land Ownership in Australia," *Postcolonial Studies*, Vol. 1 (1998), 237-254. 베런은 여기서 탈식민주의 연구 및 라투르의 후기 저작에서 유래한 "혼종성(hybridity)"이라는 용어를 광범위하게 사용하고 있다. 한편, "집합체(assemblage)" 개념과 "유목적 사유(nomad thought)" 실천은 다음 문헌에서 비롯되었다. Gilles Deleuze and Félix Guattari (trans. Brian Massumi), *A Thousand Plateaus: Capitalism and Schizophrenia* (Minneapolis: University of Minnesota Press, 1987).

46. Helen Verran, "A Postcolonial Moment in Science Studies: Alternative Firing Regimes of Environmental Scientists and Aboriginal Landowners," *Social Studies of Science*, Vol. 32, Nos 5/6 (October/December 2002), 729-762. 베런은 이러한 행보가 반드시 정화, 타협, 종합, 혹은 전향을 의미하는 것은 아님을 강조한다. 또한 다음을 참고. Linda Tuhiwari Smith, *Decolonizing Methodologies: Research and Indigenous Peoples* (Dunedin, NZ: University of Otago Press, 1999).

47. David Turnbull, *Masons, Tricksters and Cartographers: Comparative Studies in the Sociology of Scientific and Indigenous Knowledge* (Amsterdam: Harwood Academic, 2000), 4, 6.

48. Sandra Harding, *Is Science Multicultural? Postcolonialisms, Feminisms, and Epistemologies* (Bloomington: Indiana University Press, 1998), 8, 16. 또한 다음을 참고하라. David J. Hess, *Science and Technology in a Multicultural World: The Cultural Politics of Facts and Artifacts* (New York: Columbia University Press, 1995).

49. Harding, *Is Science Multicultural?*, op. cit., 33.

50. Lawrence Cohen, "Whodunit? - Violence and the Myth of Fingerprints: Comment on Harding," *Configurations*, Vol. 2 (1994), 343-347, at 345. 이는 하딩의 다음 논문에 대한 반응이다. Sandra Harding, "Is Science Multicultural? Challenges, Resources, Opportunities," *Configurations*, Vol. 2 (1994), 301-330.

51. Nandy ed., *Science, Hegemony and Violence*, op. cit. 또한 다음을 보라. Shiv Visvanathan, *A Carnival for Science: Essays on Science, Technology and Development* (New York: Oxford University Press, 1997).

52. Michel Foucault (trans. Colin Gordon), *Power/Knowledge: Selected Interviews and Other Writings*, 1972–77 (New York: Pantheon Books, 1980), 71.
53. Arjun Appadurai, "Global Ethnoscapes: Notes and Queries for a Transnational Anthropology," in Richard G. Fox ed., *Recapturing Anthropology: Working in the Present* (Santa Fe, NM: School of American Research Press, 1991), 191–210; Rofel, *Other Modernities*, op. cit.; Strathern, "New Modernities," op. cit. 프라카시는 다음 저작에서 인도에서의 또 다른 과학적 근대성의 출현을 추적한다. Prakash, *Another Reason*, op. cit. 또한 다음을 보라. Itty Abraham, *The Making of the Indian Atomic Bomb: Science, Secrecy and the Postcolonial State* (London: Zed Books, 1998).
54. Marshall Sahlins, "What is Anthropological Enlightenment? Some Lessons of the Twentieth Century," *Annual Review of Anthropology*, Vol. 28 (1999), i–xxiii, at xi, vi.
55. Escobar, *Encountering Development*, op. cit., 11. 에스코바르는 자신의 "근대성의 인류학"을 "서구를 인류학화(anthropologize)"하라는 폴 래비노(Paul Rabinow)의 주장과 연결시킨다. 래비노는 인류학자들에게 "실재에 대한 (서구의) 인식이 얼마나 이국적이었던 것인지를 보여주고, 그 가운데 가장 보편적인 것으로 당연시되는 영역들을(인식론과 경제학이 포함된다)이 무엇인지 조명하고, 그것들을 가능한 한 역사적으로 특수하게 볼 수 있도록 만들고, 그 진리에의 주장이 사회적 실천과 결부되어 있으며 따라서 세계에서 실질적인 권력으로서 작동한다는 점을 보여줄 것"을 촉구한다. P. Rabinow, "Representations are Social Facts: Modernity and Post-Modernity in Anthropology," in James Clifford and George Marcus eds., *Writing Culture: The Poetics and Politics of Ethnography* (Berkeley: University of California Press, 1986), 234–261, at 241. 또한 다음을 보라. James Ferguson, *The Anti-Politics Machine: Development, Depoliticization and Bureaucratic Power in the Third World* (Cambridge: Cambridge University Press, 1990); Stacy Leigh Pigg, ""Found in Most Traditional Societies": Traditional Medical Practitioners between Culture and Development," in Frederick Cooper and Randall Packard eds., *International Development and the Social Sciences* (Berkeley: University of California Press, 1997), 259–290.
56. Akhil Gupta, *Postcolonial Developments: Agriculture in the Making of Modern India* (Durham: Duke University Press, 1998), quotes at 20.
57. Gabrielle Hecht, "Rupture-Talk in the Nuclear Age: Conjugating Colonial Power in Africa," *Social Studies of Science*, Vol. 32, Nos 5/6 (October/December 2002), 691–727, quote at 691 (Abstract). "병합(conjugating)"에 대해서는 위의 논문 693쪽을 참고.
58. Peter Redfield, "The Half-Life of Empire in Outer Space," *Social Studies of Science*, Vol. 32, Nos 5/6 (October/December 2002), 791–825, quote at 792.
59. Vincanne Adams, "Randomized Controlled Crime: Postcolonial Sciences in Alternative Medicine Research," *Social Studies of Science*, Vol. 32, Nos 5/6 (October/December 2002), 659–900.

60. Mary Louise Pratt, *Imperial Eyes: Travel Writing and Transculturation* (London & New York: Routledge, 1992), Chapter 1.
61. Joseph, "Close Encounters," op. cit., 5.
62. Nicholas B. King, "Security, Disease, Commerce: Ideologies of Postcolonial Global Health," *Social Studies of Science*, Vol. 32, Nos 5/6 (October/December 2002), 763–789.
63. 물론 이를 다른 시각으로 볼 수도 있다. 예를 들어, 킴 포춘(Kim Fortun)은 역으로 "세계화를 민족지학적 현장의 시야 안으로 넣으려" 한다. K. Fortun, "Locating Corporate Environmentalism: Synthetics, Implosions, and the Bhopal Disaster," in George M. Marcus ed., *Critical Anthropology Now: Unexpected Contexts, Shifting Constituencies, Changing Agendas* (Santa Fe, NM: School of American Research Press, 1999), 203–244, at 241.
64. Fernando Coronil, "Foreword," in Joseph, LeGrand, and Salvatore eds., *Close Encounters of Empire*, op. cit., ix–xii, at xi.
65. 즉, 애나 칭의 표현을 빌리자면 이러한 연결성들은 "교차하는 전 지구적 상상들(global imaginations)의 인류학"을 가능케 할 것이다. Anna L. Tsing, *In the Realm of the Diamond Queen: Marginality in an Out-of-the-Way Place* (Princeton: Princeton University Press, 1993), 289.
66. Redfield, op. cit., 793.
67. Bernard S. Cohn, *An Anthropologist Among the Historians and Other Essays* (New York: Oxford University Press, 1987).
68. Michael Hardt and Antonio Negri, *Empire* (Cambridge, MA: Harvard University Press, 2000), xiii.
69. Escobar, *Encountering Development*, op. cit., 223.
70. Fernando Coronil, "Beyond Occidentalism: Toward Nonimperial Geohistorical Categories," *Cultural Anthropology*, Vol. 11 (1996), 51–87, at 80.

2. 예속된 지식에서 병합된 주체들로

1. Michel Foucault (trans. Colin Gordon), *Power/Knowledge: Selected Interviews and Other Writings, 1972–77* (New York: Pantheon Books, 1980), 71.
2. 다음을 참고. Warwick Anderson and Vincanne Adams, "Pramoedya's Chickens: Postcolonial Studies of Technoscience," in Edward J Hackett, Olga Amsterdamska, Michael Lynch and Judy Wajcman eds., *The Handbook of Science and Technology Studies* (3rd ed., Cambridge, MA: MIT Press, 2007), 181–207; Steven J Harris, "Long-distance Corporations, Big Sciences, and the Geography of Knowledge," *Configurations*, 6.2 (Spring 1998), 269–304; Roy MacLeod, "Introduction," in Roy MacLeod ed., *Nature and Empire: Science and the Colonial Enterprise, Osiris*, 15 (2000), 1–13; James A Secord, "Knowledge in Transit," *Isis*, 95.4 (December 2004), 654–672; David N Livingstone, *Putting Science in its Place: Geographies of Scientific Knowledge* (Chicago: University of Chicago Press, 2004).
3. Simon Schaffer, "Late-Victorian Metrology and its Instrumentation: A Manufactory of Ohms," in Robert Bud and Susan E. Cozzens eds., *Invisible Connections: Instruments, Institutions and Science* (Bellingham, WA: SPIE Optical Engineering Press, 1992), 23.
4. Steven Shapin, "Placing the View from Nowhere: Historical and Sociological Problems in the Location of Science," *Transactions of the Institute of British Geographers*, 23.1 (April 1998), 6–7.
5. Mario Biagioli ed., *The Science Studies Reader* (New York: Routledge, 1999).
6. 의학사학계는 탈식민주의적 분석을 훨씬 더 잘 수용해왔는데, 아마도 이는 의학사가 오랫동안 사회와 더 밀접하게 연계되어온 분야이고 또 지역학 전문가들에게 매력적으로 간주되어 온 분야이기 때문일 것이다. 다음을 보라. Henry E Sigerist, "The History of Medicine and the History of Science," *Bulletin of the Institute of the History of Medicine*, 4.1 (January 1936), 1–13; Warwick Anderson, "Postcolonial Histories of Medicine," in John Harley Warner and Frank Huisman eds., *Medical History: The Stories and Their Meanings* (Baltimore: Johns Hopkins University Press, 2004), 285–307. 의학인류학 분야와 관련해서는 다음을 참고. Mary-Jo DelVecchio Good, Sandra Teresa Hyde, Sarah Pinto and Byron J Good eds., *Postcolonial Disorders* (Berkeley, CA: University of California Press, 2008). 과학은 오랫동안 거대한 사상 및 문명과 연관되어 왔기 때문에 특히 더 다루기 어려운 측면이 있다. 본고의 남은 부분에서는 임상의학과 공중보건을 제외하고 과학과 기술에만 초점을 맞추고자 한다.
7. Ashis Nandy, *Alternative Sciences: Creativity and Authenticity in Two Indian Scientists* (Delhi: Oxford University Press, 1995).
8. Michel Callon, "Four Models for the Dynamics of Science," in Sheila Jasanoff, Gerald E. Markle, James C. Petersen and Trevor Pinch eds., *The Handbook*

of Science and Technology Studies (Thousand Oaks, CA: Sage, 1995), 29-63; Wesley Shrum and Yehouda Shenhav, "Science and Technology in Less Developed Countries," in Jasanoff et. al., *Handbook of STS*, 627-651.
9. Vittorio Ancarani, "Globalizing the World: Science and Technology in International Relations," in Jasanoff et. al., *Handbook of STS*, 652-669.
10. Helen Watson-Verran and David Turnbull, "Science and Other Indigenous Knowledge Systems," in Jasanoff et. al., *Handbook of STS*, 115-139. 또한 다음을 보라. David Turnbull, *Masons, Tricksters, and Cartographers: Comparative Studies in the Sociology of Scientific and Indigenous Knowledge* (Amsterdam: Harwood Academic, 2000); Linda Tuhiwai Smith, *Decolonizing Methodologies: Research and Indigenous Peoples* (London: Zed Books, 1999).
11. Anderson and Adams, "Pramoedya's Chickens," op. cit.
12. 다음을 보라. Charles Thorpe, "Political Theory in Science and Technology Studies," in Hackett et. al., *Handbook of STS*, 3rd ed., 63-82; Christopher R. Henke and Thomas F. Gieryn, "Sites of Scientific Practice: The Enduring Importance of Place," in Hackett et. al., ibid., 353-376; Susan E, Cozzens, Sonia Gatchair, Kyung-Sup Kim, Gonzalo Ordóñez and Anupit Sunithadnaporn, "Knowledge and Development," in Hackett et. al., ibid., 787-812.
13. 명시적인 탈식민주의와 암묵적인 탈식민주의를 구별하려는 나의 노력은 비판적 탈식민주의와 타협적 탈식민주의를 구분했던 사이먼 듀링(Simon During)의 생각과 크게 다르지 않다. 여기서 타협적 탈식민주의는 세계화에 연루되어 있다는 의미이다. Simon During, "Postcolonialism and Globalisation: A Dialectical Relation After All?," *Postcolonial Studies*, 1.1 (1998), 31-47.
14. Callon, "Four Models for the Dynamics of Science," op. cit., 60. 또한 다음을 보라. John Law and John Hasard eds., *Actor-Network Theory and After* (Oxford: Blackwell, 1999).
15. Bruno Latour, "A Well-Articulated Primatology: Reflections of a Fellow Traveler," in Shirley C Strum and Linda M Fedigan eds., *Primate Encounters: Models of Science, Gender, and Society* (Chicago: University of Chicago Press, 2000), 365.
16. Bruno Latour (trans. Alan Sheridan and John Law), *The Pasteurization of France* (Cambridge, MA: Harvard University Press, 1988), 140.
17. Bruno Latour, *Pandora's Hope: Essays on the Reality of Science Studies* (Cambridge, MA: Harvard University Press, 1999), 47.
18. John Law, "After ANT: Complexity, Naming And Topology," in Law and Hasard, *ANT and After*, op. cit., 6.
19. Shapin, "Placing the View from Nowhere," op. cit., 7.
20. Marianne de Laet and Anne-Marie Mol, "The Zimbabwean Bush Pump: Mechanics of a Fluid Technology," *Social Studies of Science*, 30.2 (April

2000), 225-263.
21. 일부 탈식민주의 연구의 "언어적 관념론(linguistic idealism)"에 대한 격렬한 비판으로는 다음을 참고. Benita Parry, *Postcolonial Studies: A Materialist Critique* (London: Routledge, 2004), 3.
22. Sandra Harding, Sandra Harding, "Is Science Multicultural? Challenges, Resources, Opportunities," *Configurations*, 2 (1994), 305. 또한 다음을 참고. David J Hess, *Science and Technology in a Multicultural World: The Cultural Politics of Facts and Artifacts* (New York: Columbia University Press, 1995).
23. Harding, "Is Science Multicultural?", ibid., 326. 또한 다음을 보라. Sandra Harding, *Is Science Multicultural? Postcolonialisms, Feminisms, and Epistemologies* (Bloomington: Indiana University Press, 1998).
24. Sandra Harding, *Sciences from Below: Feminisms, Postcolonialities, and Modernities* (Durham, NC: Duke University Press, 2008), 134, 3, and 214.
25. Harding, ibid., 16.
26. Bruno Latour, *Science in Action: How to Follow Scientists and Engineers Through Society* (Milton Keynes: Open University Press, 1987).
27. Gabrielle Hecht and Warwick Anderson eds., "Special issue: Postcolonial Technoscience," *Social Studies of Science*, 32.5-6 (2002); 또한 다음 특집호를 참고하라. *Science as Culture*, 14.2 (2005).
28. Warwick Anderson, "Postcolonial Technoscience," *Social Studies of Science*, 32 (2002), 643.
29. Anderson, ibid., 651.
30. Itty Abraham, "The Contradictory Spaces of Postcolonial Techno-science," *Economic and Political Weekly*, 21 (January 2006), 210. 또한 다음을 보라. Itty Abraham, "Postcolonial Science, Big Science, and Landscape," in Roddey Reid and Sharon Traweek eds., *Doing Science + Culture* (New York: Routledge, 2000), 49-70.
31. Anderson, "Postcolonial Technoscience," op. cit., 650; Bruno Latour (trans. Catherine Porter), *We Have Never Been Modern* (Cambridge, MA: Harvard University Press, 1993).
32. Helen Verran, "Re-imagining Land Ownership in Australia," *Postcolonial Studies*, 1 (1998), 237-254; Helen Verran, "A Postcolonial Moment in Science Studies: Alternative Firing Regimes of Environmental Scientists and Aboriginal Landowners," *Social Studies of Science*, 32 (2002), 729-762.
33. Edward W Said, "Traveling Theory," in *The Word, the Text, and the Critic* (Cambridge, MA: Harvard University Press, 1983), 29.
34. Anderson and Adams, "Pramoedya's Chickens," op. cit., 183-184.
35. ibid., 184.
36. Peter Galison, *Image and Logic: A Material Culture of Microphysics* (Chicago: University of Chicago Press, 1997).
37. 다음 사례들을 참고. James Clifford, "Traveling Cultures," in Lawrence

Grossberg, Cary Nelson and Paula Treichler eds., *Cultural Studies* (New York: Routledge, 1992), 96-112; Nicholas Thomas, *Colonialism's Culture: Anthropology, Travel, and Government* (Princeton: Princeton University Press, 1994); Frederick Cooper, *Colonialism in Question: Theory, Knowledge, History* (Berkeley: University of California Press, 2005).

38. Anna Loewenhaupt Tsing, "The Global Situation," in Jonathan Xavier Inda and Renato Rosaldo eds., *The Anthropology of Globalization: A Reader* (Oxford: Blackwell, 2002), 456. 또한 다음을 보라. Anna Loewenhaupt Tsing, *Friction: An Ethnography of Global Connection* (Princeton: Princeton University Press, 2005). 근래의 과학의 민족지학 연구에 대한 검토로는 다음을 참고. Michael M J Fischer, "Four Genealogies for a Recombinant Anthropology of Science and Technology," *Cultural Anthropology*, 22 (2007), 539-614.

39. Warwick Anderson, *The Collectors of Lost Souls: Turning Kuru Scientists into Whitemen* (Baltimore: Johns Hopkins University Press, 2008), 7.

40. 이와 유사하게, 오늘날 우리는 의학과 공중보건의 역사 분야 내에서도 "전 지구적 보건(global health)"라는 새로운 영역에 관한 학회들이 수없이 열리고 있음을 목도하고 있다. 이 "전 지구적 보건"이라는 개념은 마치 식민주의와 의학이 결코 얽혀 있지 않았던 것처럼, 혹은 1989년경 완전히 새로운 세계가 창조된 것처럼 생각하게 만들기 쉽다.

41. Geoffrey C. Bowker and Susan Leigh Star, *Sorting Things Out: Classification and its Consequences* (Cambridge, MA: MIT Press, 2000), 115, 118. 바우커와 스타와 유사하게, 앤드루 레이코프(Andrew Lakoff)도 "전 지구화하는 형태들을 갖춘 코스모폴리탄 과학"을 탈식민주의적으로 분석하는 데에 놀랄만큼 강한 거부감을 드러낸다. Andrew Lakoff, *Pharmaceutical Reason: Knowledge and Value in Global Psychiatry* (Cambridge: Cambridge University Press, 2005), 4.

42. Kaushik Sunder Rajan, *Biocapital: The Constitution of Postgenomic Life* (Durham, NC: Duke University Press, 2006), 67, 71.

43. Sunder Rajan, ibid., 278, 66.

44. Catherine Waldby and Robert Mitchell, *Tissue Economies: Blood, Organs, and Cell Lines in Late Capitalism* (Durham, NC: Duke University Press, 2006), 23.

45. Waldby and Mitchell, ibid., 22.

46. Arjun Appadurai, *Modernity at Large: Cultural Dimensions of Globalization* (Minneapolis: University of Minnesota Press, 1996), 3. 오늘날의 세계화를 과거의 그것과 다른 새로운 것으로 구별짓는 흐름의 선구적인 작업으로는 다음을 참고. David Harvey, *The Condition of Postmodernity: An Enquiry into the Origins of Cultural Change* (Oxford: Blackwell, 1989); Anthony Giddens, *The Consequences of Modernity* (Stanford: Stanford University Press, 1990).

47. Appadurai, ibid., 27, 134-135.

48. Arjun Appadurai, "Grassroots Globalization and the Research Imagination,"

in Arjun Appadurai ed., *Globalization* (Durham, NC: Duke University Press, 2001), 4.
49. Stuart Hall, "When Was the 'Postcolonial'? Thinking at the Limit," in Iain Chambers and Lidia Curtis eds., *The Postcolonial Question: Common Skies, Divided Horizons* (London: Routledge, 1996), 242–260.
50. Ania Loomba, Suvir Kaul, Matti Bunzl, Antoinette Burton and Jed Esty, "Beyond What? An Introduction," in Ania Loomba, Suvir Kaul, Matti Bunzl et. al. eds., *Postcolonial Studies and Beyond* (Durham, NC: Duke University Press, 2005), 2, 8, and 30. 또한 다음을 볼 것. Revathi Krishnaswarmy and John C. Hawley eds., *The Post-Colonial and the Global* (Minneapolis: University of Minnesota Press, 2007).

3. 과학기술학의 방법으로서의 아시아

1. Togo Tsukahara, "Introduction: Japanese STS in Global, East Asian, and Local Contexts," *East Asian Science, Technology and Society* 3.4 (2009), 507.
2. ibid., 507.
3. Gregory Clancey, "The History of Technology in Japan and East Asia," *East Asian Science, Technology and Society* 3.4 (2009), 530.
4. Sandra Harding, *Is Science Multicultural? Postcolonialisms, Feminisms, and Epistemologies* (Bloomington: Indiana University Press, 1998); Sandra Harding, *Sciences from Below: Feminisms, Postcolonialities, and Modernities* (Durham, NC: Duke University Press, 2008).
5. Ashis Nandy ed., *Science, Hegemony and Violence: Requiem for Modernity* (New Delhi: Oxford University Press, 1988); Ashis Nandy, *Alternative Sciences: Creativity and Authenticity in Two Indian Scientists* (Delhi: Oxford University Press, 1995); Shiv Visvanathan, *Carnival for Science: Essays on Science, Technology and Development* (New York: Oxford University Press, 1997); Vandana Shiva, *Staying Alive: Women, Ecology, and Development in India* (London: Zed Books, 1989).
6. Sandra Harding, "Is Science Multicultural? Challenges, Resources, Opportunities, Uncertainties," *Configurations* 2 (1994), 326.
7. Itty Abraham, "The Contradictory Spaces of Postcolonial Techno-science," *Economic and Political Weekly* (January 21, 2006), 210.
8. 역주: 여기서 말하는 존재론적 주장이란 주로 인류학자들이 2000년 이후 주도한 이른바 "존재론적 전회(ontological turn)"와 맞닿아 있다. 존재론적 전회는 기존의 서구 지성계가 견지해 온 인식론적 전제, 즉 실재하는 세계는 단일하되, 그 세계를 인식 혹은 해석하는 패러다임만이 복수일 수 있다는 생각에 도전한다. 즉, 존재론적 전회를 주장하는 이들은 서구 바깥의 사람들(및 비인간들), 지식들, 실천들, 문화들을 중심으로 놓고 사유할 때, 오히려 실재하는, 존재하는 세계

그 자체도 복수일 수 있다고 보는 것이다. 이들은 세계 그 자체의 복수성을 인정하지 않는 서구의 사상가들이 은연 중에 서구인들이 바라보는 세계만이 유일하게 존재하는 세계라고 하는 유럽중심주의적 세계관을 재생산하고 있는 것은 아닌지 의문을 제기한다. 이런 맥락에서 이들은 인식론(epistemology)에서 존재론(ontology)으로 나아가야 한다고 주장하는 것이다. 존재론적 전회는 비서구적 본질주의(non-Western essentialism), 또 본 편역서에서 다뤄지는 소위 "비식민주의적(decolonial)" 입장과도 친연성을 갖는다.

9. Daiwie Fu, "How Far Can East Asian STS Go? A Position Paper," *East Asian Science, Technology and Society* 1.1 (2007), 1–14; Ruey-Lin Chen, "Discovering Distinctive East Asian STS: An Introduction," *East Asian Science, Technology and Society* 6.4 (2012), 441–443.

10. Yoshimi Takeuchi, "Asia as Method (1960)," in Yoshimi Takeuchi (ed. and trans. by Richard F. Calichman), *What Is Modernity? Writings of Takeuchi Yoshimi* (New York: Columbia University Press, 2005), 165.

11. Naoki Sakai, "Theory and Asian Humanity: On the Question of Humanitas and Anthropos," *Postcolonial Studies* 13 (2010), 441–464.

12. Takeuchi, op. cit., 165.

13. Kuan-hsing Chen, *Asia as Method: Toward Deimperialization* (Durham, NC: Duke University Press, 2010), xv.

14. ibid., 3.

15. ibid., 21, 65.

16. ibid., 225.

17. ibid., 223.

18. ibid.

19. ibid., 214.

20. ibid., 99.

21. ibid., 223.

22. Wang Hui (trans. by Andrew Hale), "The Politics of Imagining Asia: A Genealogical Analysis," *Inter-Asia Cultural Studies* 8.1 (2007 [2002]), 1–33.

23. Amitav Acharya, "Asia Is Not One," *Journal of Asian Studies* 69.4 (2010), 1001–1013.

24. Prasenjit Duara, "Asia Redux: Conceptualizing a Region for Our Times," *Journal of Asian Studies* 69.4 (2010), 963–983.

25. Wang Hui, op. cit., 27.

26. ibid., 27.

27. 또한 다음을 볼 것. Gayatri Chakravorty Spivak, *Other Asias* (Oxford: Blackwell, 2008).

28. Sakai, op, cit., 446.

29. ibid., 447.

30. Margaret Hillenbrand, "Communitarianism, or, How to Build East Asian Theory," *Postcolonial Studies* 13.4 (2010), 317.

31. Kuan-hsing Chen, op. cit., 223.
32. Jai-shin Chen, "Assembling East Asian STS: Theory and Reflection," *East Asian Science, Technology and Society* 6. (2012). [미발표 원고] (역주: 원문에 실린 서지 사항에 오류가 있다. Jia-shin Chen, "Rethinking the East Asian Distinction: An Example of Taiwan's Harm Reduction Policy," @East Asian Science, Technology and Society@ 6 (2012), 453-464.)
33. Kuan-hsing Chen, op. cit., 223.
34. Rey Chow, "Introduction: On Chineseness as a Theoretical Problem," in Rey Chow ed., *Modern Chinese Literary and Cultural Studies in the Age of Theory* (Durham, NC: Duke University Press, 2000), 1-25.
35. Warwick Anderson, "Re-orienting STS: Emergent Studies of Science, Technology, and Medicine in Southeast Asia," *East Asian Science, Technology and Society* 3.2 (2009), 163-171.
36. Warwick Anderson and Vincanne Adams, "Pramoedya's Chickens: Postcolonial Studies of Technoscience," in Edward J. Hackett, Olga Amsterdamska, Michael Lynch, and Judy Wajcman eds., *The Handbook of Science and Technology Studies*, 3rd ed. (Cambridge, MA: MIT Press, 2007), 181-207; Warwick Anderson, "From Subjugated Knowledge to Conjugated Subjects: Science and Globalisation, or Postcolonial Studies of Science?" *Postcolonial Studies* 12.4 (2009), 389-400.
37. Raewyn Connell, *Southern Theory: The Global Dynamics of Knowledge in Social Science* (Cambridge: Polity, 2007); Smith, Linda Tuhiwae, *Decolonising Methodologies: Research and Indigenous Peoples* (London: Zed Books, 1999).
38. Connell, ibid., xii.
39. 역주: 다수자의 세계는 "비서구", "제3세계", 혹은 "전 지구적 남부"라고도 불리는 아시아, 아프리카, 중남미 등을 지칭하는 용어로, 이 공간에 사는 사람들이 구미의 거주민 보다 훨씬 더 많으며 따라서 "다수"이자 "주류"일 수 있음을 재확인하는 개념이라고 할 수 있다.
40. ibid., ix.
41. Walter D. Mignolo, *Local Histories/Global Designs: Coloniality, Subaltern Knowledges, and Border Thinking* (Princeton: Princeton University Press, 2000), x.
42. ibid., 45.
43. Fernando Coronil, "Beyond Occidentalism: Toward Nonimperial Geohistorical Categories," *Cultural Anthropology* 11.1 (1996), 51-87.
44. Arjun Appadurai, *Modernity at Large: Cultural Dimensions of Globalization* (Minneapolis: University of Minnesota Press, 1996), 17.
45. Anderson, "Re-orienting STS," op. cit.
46. David Ludden, "Why Area Studies?" in Ali Mersepassi, Amrita Basu, and Frederick Weaver eds., *Localizing Knowledge in a Globalizing World: Recasting the Area Studies Debate* (Syracuse, NY: Syracuse University Press,

2003), 135.
47. ibid., 136.
48. Anderson, "Re-orienting STS," op. cit., 169.
49. Fu, op. cit., 6.
50. Fa-ti Fan, "East Asian STS: Fox or Hedgehog?" *East Asian Science, Technology and Society* 1.2 (2007), 244.
51. Fu, op. cit., 8.

4. 서구과학의 확산을 기억하며

1. George Basalla, "The Spread of Western Science," *Science*, 156 (1967), 611-622. 2018년 2월 16일, 로이 매클라우드와 나의 개인적인 대화 과정에서 매클라우드는 다음과 같이 말했다. 바살라의 논문은 출간 직후 매사추세츠주 케임브리지와 영국 케임브리지의 많은 학자들에 의해 읽혔다. 때문에 결과적으로 매클라우드는 이 주제에 관해 대학원 수업을 개설하기에 이르렀다고 한다. 바살라는 매클라우드가 하버드 학부생이었을 때 그에게 수업을 가르친 학습조교(TA)였다.

2. W. W. Rostow, "The Stages of Economic Growth," *Economic History Review*, 12 (1959), 1-16; W. W. Rostow, *The Stages of Economic Growth: a Non-Communist Manifesto* (New York: Cambridge University Press, 1960). 바살라가 하버드 대학원생이었을 시절, 로스토는 같은 매사추세츠가(Mass Ave)에 위치한 이웃학교 매사추세츠공과 대학교(MIT)에 있었다. 바살라는 대학원의 마지막 해인 1964년에 자신의 모델을 처음 구상했다고 회고했다. 다음을 참고. George Basalla, "The Spread of Western Science Revisited," in Antonio Lafuente, Alberto Elena, and María Luisa Ortega eds., *Mundialización de la ciencia y cultural nacional* (Madrid: Doce Calles, 1993), 599-603.

3. I. Bernard Cohen, "The New World as a Source of Science for Europe," *Actes du IXe Congrès international d'histoire des sciences* (Barcelona: Hermann, 1959), 95-130; Donald H. Fleming, "Science in Australia, Canada, and the United States: Some Comparative Remarks," *Proceedings of the 10th International Congress of the History of Science*, Ithaca, NY, 1962 (Paris: Hermann, 1964), 179-196; Derek de Solla Price, *Little Science, Big Science* (New York: Columbia University Press, 1963); Derek de Solla Price, "Networks of Scientific Papers," *Science*, 149 (1965), 510-515; J. M. Ziman, "Some Problems of the Growth and Spread of Science into Developing Countries," *Proceedings of the Royal Society A*, 311 (1969), 349-369.

4. Roy M. MacLeod, "On Visiting the "Moving Metropolis": Reflections on the Architecture of Imperial Science," *Historical Records of Australian Science*, 5 (1982), 1-16. 또한 다음을 참고. R. W. Home and Sally Gregory Kohlstadt, eds, *International Science and National Scientific Identity: Australia between Britain and America* (Dordrecht: Kluwer, 1991). 이 책에 수록된 글들은 1988년

이 주제에 관해 멜버른에서 열린 학회에서 발표된 내용에 기반을 두고 있다.
5. Warwick Anderson, "Postcolonial Technoscience," *Social Studies of Science*, 32 (2002), 643–658; Warwick Anderson, "From Subjugated Knowledge to Conjugated Subjects: Science and Globalisation, or Postcolonial Studies of Science?" *Postcolonial Studies*, 12 (2009), 389–400; Warwick Anderson, "Postcolonial Science Studies," in *International Encyclopedia of the Social and Behavioral Sciences*, 2nd edn, ed. James D. Wright (Oxford: Elsevier, 2015), 652–657.
6. 또한 다음을 보라. Dhruv Raina, "From West to Non-West? Basalla's Three-Stage Model Revisited," *Science as Culture*, 8 (1999), 497–516, and William K. Storey, *Scientific Aspects of European Expansion* (Aldershot: Variorum, 1996).
7. Basalla, "The Spread of Western Science," op. cit., 611.
8. 바살라는 중국, 인도, 중동의 과학은 무시한다.
9. Basalla, "The Spread of Western Science," op. cit., 612.
10. Basalla, "The Spread of Western Science," op. cit., 617.
11. Robert K. Merton, *The Sociology of Science*, eds B. Barber and W. Hirsh (New York: Free Press, 1962); Joseph Ben-David, "Scientific Growth: a Sociological View," *Minerva*, 2 (1964), 455–476. 머튼은 또한 사유의 "전파"를 빈번하게 거론했다. 특히 다음을 참고. R. K. Merton, "The Sociology of Knowledge," *Isis*, 27 (1937), 493–503.
12. Basalla, "The Spread of Western Science," op. cit., 620.
13. Basalla, "The Spread of Western Science," op. cit., 620.
14. Basalla, "The Spread of Western Science," op. cit., 620.
15. Rostow, The Stages of Economic Growth, op. cit. 놀랍게도 바살라는 "도약"이라는 표현을 쓰지는 않았다. 또한 각각 커뮤니케이션 이론가이자 기술사학자인 다음 저자들의 문헌을 참고. Everett M. Rogers, *Diffusion of Innovation* (New York: Free Press, 1962); Daniel R. Headrick, *The Tools of Empire: Technology and European Imperialism in the Nineteenth Century* (New York: Oxford University Press, 1981).
16. Ross L. Jones and Warwick Anderson, "Wandering Anatomists and Itinerant Anthropologists: the Antipodean Sciences of Race in Interwar Britain," *The British Journal for the History of Science*, 48 (2015), 1–16.
17. G. Elliot Smith, *The Diffusion of Culture* (London: Watts and Co., 1933), 10. 또한 다음을 보라. Gabriel Tarde (trans. Elsie Clews Parson), *The Laws of Imitation* (New York: Holt, 1903 [1890]); A. L. Kroeber, "Diffusion," in Edwin R. A. Seligman and Alvin Johnson eds., *The Encyclopedia of the Social Sciences* (New York: Macmillan, 1937), 2: 137–142. 이 모든 것들은 "문명화 프로젝트(civilising project)"를 그저 그럴 듯하게 논하는 작업들이었다고 말할 수 있다. 다음을 보라. Norbert Elias (trans. Edmund Jephcott), *Civilizing Process* (New York: Urizen Books, 1978 [1939]).
18. Cohen, op. cit., 95, 96.

19. Cohen, op. cit., 121, 96.
20. Fleming, op. cit., 179.
21. Fleming, op. cit., 182. 또한 다음을 참고하라. Donald Fleming, "American Science and the World Scientific Community," *Journal of World History*, 8 (1964), 666-678.
22. Basalla, "The Spread of Western Science," op. cit., 621. 또한 이 시기에 하버드 대학교 정치학과 교수 루이스 하르츠가 다음 저서를 출판했다. Louis Hartz, *The Founding of New Societies: Studies in the History of the United States, Latin America, South Africa, Canada, and Australia* (New York: Harcourt, Brace, and World, 1964).
23. George Sarton, "The New Humanism," *Isis*, 6 (1924), 24.
24. Sarton, ibid., 25.
25. Sarton, ibid., 26.
26. 냉전 시기에는 민주주의와 과학이라는 두 현상을 하나로 보는 경우가 빈번했다.
27. lexis de Tocqueville (trans. Henry Reeve), *Democracy in America*, vol. 1 (Cambridge: Sever and Francis, 1862 [1848]), 7, 37.
28. Tocqueville, ibid., 508-509.
29. Price, "Networks of Scientific Papers," op. cit., 510, 513. 또한 다음을 참고. Derek de Solla Price, *Science Since Babylon* (New Haven: Yale University Press, 1961); Price, *Little Science, Big Science*, op. cit.; Derek de Solla Price, "Nations can Publish or Perish," *Science and Technology*, 70 (1967), 70-84.
30. Stephen Toulmin, "The Evolutionary Development of Natural Science," *American Scientist*, 55 (1967), 458. 외력주의(externalism)에 대해서는 다음을 참고. Roy M. MacLeod, "Changing Perspectives in the Social History of Science," in Ina Spiegel-Rösing and Derek de Solla Price eds., *Science, Technology and Society: A Cross-Disciplinary Perspective* (London: Sage, 1977), 149-195.
31. Ziman, "Some Problems of the Growth and Spread of Science into Developing Countries," op. cit., 349. 이 논문은 정식 출간에 앞서 러더퍼드 기념강연(the Rutherford Memorial Lecture)으로 구두 발표된 바 있다. 또한 다음을 보라. John M. Ziman, *Public Knowledge: an Essay Concerning the Social Dimension of Science* (Cambridge: Cambridge University Press, 1968); John M. Ziman, "The International Scientific Community: Ideas Move around inside People," *Minerva*, 15 (1977), 83-93. 1962년 『미네르바』지의 창간 또한 중요하다. 이 학술지는 주편 에드워드 실스(Edward Shils)의 리더십 아래 문화자유회의(the Congress for Cultural Freedom)의 금전 지원을 받아 창간되었으며, 부분적으로 인도와 아프리카 같은 곳에서의 과학 발전에 관한 연구에 지면을 할애했다. Roy M. MacLeod, "Consensus, Civility and Community: the Origins of Minerva and the Vision of Edward Shils," *Minerva*, 53 (2016), 255-292.
32. Ziman, "Some Problems of the Growth and Spread of Science into Developing Countries," op. cit., 360, 362.

33. John Gallagher and Ronald Robinson, "The Imperialism of Free Trade," *Economic History Review*, 6 (1953), 1-15.
34. MacLeod, "On Visiting the "Moving Metropolis," op. cit., 1.
35. Roy M. MacLeod, "The Contradictions of Progress: Reflections on the History of Science and the Discourse of Development," *Prometheus*, 10 (1992), 271. 또한 다음 저작의 서론을 참고할 것. Roy M. MacLeod, Archibald Liversidge, *FRS: Imperial Science Under the Southern Cross* (Sydney: Sydney University Press, 2000).
36. MacLeod, "On Visiting the "Moving Metropolis," op. cit., 14, 7, 14. 또한 다음을 보라. Ian Inkster, "Scientific Enterprise and the Colonial "Model": Observations on the Australian Experience in Historical Context," *Social Studies of Science*, 15 (1985), 677-704.
37. 2017년 12월 3일 저자에게 보낸 이메일.
38. Nathan Reingold and Marc Rothenberg, "Introduction," in Nathan Reingold and Marc Rothenberg eds., *Scientific Colonialism: a Cross-Cultural Comparison* (Washington DC: Smithsonian Institution Press, 1987), vii-xiii, xi, xii.
39. David Wade Chambers, "Period and Process in Colonial and National Science," in Reingold and Rothenberg, eds., *Scientific Colonialism*, ibid., 312. 한 가지 아이러니한 사실은 체임버스의 1969년도 하버드대학교 박사학위논문의 제목이 「멕시코에서의 과학발전의 두 단계(Two Stages of the Development of Science in Mexico)」였다는 것이다.
40. David Wade Chambers and Richard Gillespie, "Locality in the History of Science: Colonial Science, Technoscience, and Indigenous Knowledge," *Osiris*, 15 (2000), 223, 224. 또한 다음을 보라. David Wade Chambers, "Locality and Science: Myths of Centre and Periphery," in Lafuente, Elena, and Ortega eds., *Mundialización de la ciencia*, op. cit., 605-618.
41. Chambers and Gillespie, ibid., 226-227.
42. Chambers and Gillespie, ibid., 227, 229.
43. David Turnbull, "Local Knowledge and Comparative Scientific Traditions," *Knowledge and Policy*, 6 (1993-4), 34. 또한 다음을 볼 것. David Turnbull, "Cartography and Science in Early Modern Europe: Mapping the Construction of Knowledge Spaces," *Imago Mundi*, 48 (1996), 7-24; David Turnbull, "Reframing Science and Other Local Knowledge Traditions," *Futures*, 29 (1997), 551-562; Helen Watson-Verran and David Turnbull, "Science and Other Indigenous Knowledge Systems," in Sheila Jasanoff, Gerald E. Markle, James C. Petersen and Trevor Pinch eds., *The Handbook of Science and Technology Studies* (Thousand Oaks CA: Sage, 1995), 115-139. 또한 턴불과 베런 둘 모두 디킨 대학교 과학 프로그램에서 근무했다. 턴불이 집합체(assemblage)라는 용어를 사용하는 방식은 들뢰즈와 가타리의 다음 저작에 그 연원을 두고 있다. Gilles Deleuze and Félix Guattari (trans. Brian

Massumi), *A Thousand Plateaus: Capitalism and Schizophrenia* (Minneapolis: University of Minnesota Press, 1987 [1980]). 보다 최근에 턴불이 참고한 문헌은 다음과 같다. Stephen J. Collier and Aihwa Ong, "Global Assemblages, Anthropological Problems," in Stephen J. Collier and Aihwa Ong eds., *Global Assemblages: Technology, Politics, and Ethics as Anthropological Problems* (Oxford: Blackwell, 2005), 3–21.

44. David Turnbull, *Masons, Tricksters and Cartographers: Comparative Studies in the Sociology of Scientific and Indigenous Knowledge* (Amsterdam: Harwood Academic, 2000), 6.
45. Chambers and Gillespie, op. cit., 231.
46. J. M. Blaut, *The Colonizer's Model of the World: Geographical Diffusionism in Eurocentric History* (NewYork: Guilford Press, 1993).
47. Lewis Pyenson, *Empire of Reason: Exact Sciences in Indonesia, 1840–1940* (Leiden: Brill, 1989). 프랑스령 인도차이나를 가지고 유사한 주장을 하는 다음의 저작도 함께 참고할 것. Lewis Pyenson, *Civilizing Mission: Exact Sciences and French Overseas Expansion, 1830–1940* (Baltimore: Johns Hopkins University Press, 1993). 파인슨은 "약한(weak)" 과학들은 현지의 여러 조건에 의해 변형될 수 있고 국가의 통치기술로 이용될 수 있음을 기꺼이 받아들였다. 그러나 "정밀" 과학에 대해 그렇게 말하는 것은 그에게 있어 다른 일일 수 없는 것이었다. 바살라의 모델을 1990년대 초에 재등장시킨 다른 사례들로는 다음을 꼽을 수 있다. Thomas Schott, "The World Scientific Community: Globality and Globalization," *Minerva*, 29 (1990), 440–462; Thomas Schott, "World Science: Globalization of Institutions and Participation," *Science, Technology and Human Values*, 18 (1993), 196–208; Thomas Schott, "Collaboration in the Invention of Technology: Globalization, Regions, and Centers," *Social Science Research*, 23 (1994), 23–56; Edward Shils, "Reflections on Tradition, Center and Periphery, and the Universal Validity of Science: the Significance of the Life of S. Ramanujan," *Minerva*, 29 (1991), 393–419.
48. Paolo Palladino and Michael Worboys, "Science and Imperialism," *Isis*, 84 (1993), 98, 99.
49. Lewis Pyenson, "Cultural Imperialism and the Exact Sciences Revisited," *Isis*, 84 (1993), 106.
50. "접촉지대"라는 개념은 다음 저작에 의해 대중화되었다. Mary Louise Pratt, *Imperial Eyes; Travel Writing and Transculturation* (London: Routledge, 1992). 프랫은 다음과 같이 말했다. ""접촉"이라는 용어를 사용하는 나의 목적은 식민주의적 조우의 쌍방향적이고 즉흥적인 차원을 더 전면에 내세우는 데에 있다. 이러한 차원은 정복과 지배를 중심으로 한 전파주의적 설명에 의해 너무 쉽게 무시되거나 억압된다." Pratt, *Imperial Eyes*, 6.
51. Sandra Harding, *Is Science Multicultural? Postcolonialisms. Feminisms, and Epistemologies* (Bloomington: Indiana University Press, 1998), 8, 16. 또한 다음을 참고. Sandra Harding, "Is science multicultural? Challenges,

resources, opportunities, uncertainties," *Configurations*, 2 (1994), 301–330; Sandra Harding, *Sciences from Below: Feminisms, Postcolonialities, and Modernities* (Durham NC: Duke University Press, 2008).

52. Sandra Harding, *Is Science Multicultural?*, ibid., 33. 또한 다음을 볼 것. Donna Haraway, "Situated Knowledges: the Science Question in Feminism and the Privilege of Partial Perspective," *Feminist Studies*, 14 (1988), 575–599.

53. Helen Verran, "Re-Imagining Land Ownership in Australia," *Postcolonial Studies*, 1 (1998), 238. 또한 다음을 보라. Helen Verran, "The Telling Challenge: Environmental Scientists and Aboriginal Land Owners Seeking to Cooperate in Resource Management through Firing," *Social Studies of Science*, 32 (2002), 729–762.

54. Warwick Anderson, "Postcolonial Technoscience," op. cit., 643, 651.

55. Warwick Anderson and Vincanne Adams, "Pramoedya's Chickens: Postcolonial Studies of Technoscience," in Edward J. Hackett, Olga Amsterdamska, Michael Lynch, and Judy Wajcman eds., *The Handbook of Science and Technology Studies*, edn. 3 (Cambridge MA: MIT Press, 2007), 184. "거래지(trading zones)" 개념에 대해서는 다음을 참고. Peter Galison, "Computer Simulations and the Trading Zone," in Peter Galison and David J. Stump eds., *The Disunity of Science: Boundaries, Contexts, and Power* (Stanford: Stanford University Press, 1996), 118–157. 또한 다음을 보라. David N. Livingstone, *Putting Science in its Place: Geographies of Scientific Knowledge* (Chicago: University of Chicago Press, 2004); Suman Seth, "Putting Knowledge in its Place: Science, Colonialism, and the Postcolonial," *Postcolonial Studies*, 12 (2009), 373–388.

56. Anna Loewenhaupt Tsing, "The Global Situation," in Jonathan Xavier Inda and Renato Rosaldo eds., *The Anthropology of Globalization: A Reader* (Oxford: Blackwell, 2002), 456. 또한 다음을 참고하라. Anna Tsing, *Friction: An Ethnography of Global Connection* (Princeton: Princeton University Press, 2005).

57. Jacques Derrida (trans. F. C. T. Moore), "White Mythology: Metaphor in the Text of Philosophy," *New Literary History*, 6 (1974), 5–74.

58. Warwick Anderson, "Asia as Method in Science and Technology Studies," *East Asian Science, Technology and Society Journal*, 6 (2012), 445–451; Warwick Anderson, "Postcolonial Specters of STS," *East Asian Science, Technology and Society Journal*, 11 (2017), 229–233. 또한 다음을 보라. Fa-ti Fan, "Modernity, Region, and Technoscience: One Small Cheer for Asia as Method," *Cultural Sociology*, 10 (2016), 352–368. 남아시아에 관해서는 다음을 참고. Ashis Nandy, *Alternative Sciences: Creativity and Authenticity in Two Indian Scientists* (Delhi: Oxford University Press, 1995); Shiv Visvanathan, *Carnival for Science: Essays on Science, Technology and Development* (New York: Oxford University Press, 1997).

59. Pheng Cheah, "Grounds of Comparison," *Diacritics*, 29 (1999), 17.
60. 영감을 주는 여러 문헌들 가운데에서도 특히 다음을 참고. Chen Kuan-hsing, *Asia as Method: toward Deimperialization* (Durham NC: Duke University Press, 2010). 방법으로서의 아시아 프로젝트는 "전 지구적 남반구(global south)"를 지향하는 다음과 같은 여타의 인식적 재정향(cognitive reorientations) 시도와도 관련이 있다. Ranajit Guha and Gayatri Chakravorty Spivak eds., *Selected Subaltern Studies* (New York: Oxford University Press, 1988); Fernando Coronil, "Beyond Occidentalism: toward Non-Imperial Geohistorical Categories," *Cultural Anthropology*, 11 (1996), 51-87; Linda Tuhiwae Smith, *Decolonising Methodologies: Research and Indigenous Peoples* (London: Zed Books, 1999); Dipesh Chakrabarty, *Provincializing Europe: Postcolonial Thought and Historical Difference* (Princeton: Princeton University Press, 2000); Walter D. Mignolo, *Local Histories/Global Designs: Coloniality, Subaltern Knowledges, and Border Thinking* (Princeton: Princeton University Press, 2004); Raewyn Connell, *Southern Theory: the Global Dynamics of Knowledge in Social Science* (Sydney: Allen and Unwin, 2007); Jean Comaroff and John L. Comaroff, *Theory from the South: or, How Euro-America is Evolving Toward Africa* (New York: Routledge, 2015).
61. Bruno Latour (trans. Catherine Porter), *We Have Never Been Modern* (Cambridge, MA: Harvard University Press, 1993). 다음을 보라. Arjun Appadurai, "Global Ethnoscapes: Notes and Queries for a Transnational Anthropology," in Richard G. Fox ed., *Recapturing Anthropology: Working in the Present* (Santa Fe: School of American Research Press, 1991), 191-210; Marilyn Strathern, "The New Modernities," in Marilyn Strathern, *Property, Substance and Effect: Anthropological Essays on Persons and Things* (London and New Brunswick, NJ: Athlone Press, 1999), 117-135; Marshall Sahlins, "What is Anthropological Enlightenment? Some Lessons of the Twentieth Century," *Annual Review of Anthropology*, 28 (1999), 1-23; Dipesh Chakrabarty, "The Muddle of Modernity," *American Historical Review*, 116 (2011), 663-675.
62. Simon Schaffer, "Late Victorian Metrology and its Instrumentation: a Manufactory of Ohms", in Robert Bud and Susan E. Cozzens eds., *Invisible Connections: Instruments, Institutions and Science* (Bellingham, WA: SPIE Optical Engineering Press, 1992), 23.
63. James A. Secord, "Knowledge in Transit," *Isis*, 95 (2004), 660.
64. Steven Shapin, "Placing the View from Nowhere: Historical and Sociological Problems in the Location of Science," *Transactions of the Institute of British Geographers*, 23 (1998), 6-7.
65. David J. Stump, "Afterword: New Directions in the Philosophy of Science Studies," in Galison and Stump eds., *The Disunity of Science*, op. cit., 448. 또한 다음을 보라. Marc Berg and Annemarie Mol eds., *Differences in*

Medicine: Unraveling Practices, Techniques, and Bodies (Durham NC: Duke University Press, 1998).

66. Michel Callon, "Four Models for the Dynamics of Science," in Jasanoff, Markle, Petersen, and Pinch eds., *The Handbook of Science and Technology Studies*, op. cit., 60. 또한 다음을 보라. John Law and John Hasard eds., *Actor-Network Theory and After* (Oxford: Blackwell, 1999).

67. Bruno Latour, "A Well-Articulated Primatology: Reflections of a Fellow Traveler," in Shirley C. Strum and Linda M. Fedigan eds., *Primate Encounters: Models of Science, Gender, and Society* (Chicago: University of Chicago Press, 2000), 365.

68. Bruno Latour (trans. Alan Sheridan and John Law), *The Pasteurization of France* (Cambridge MA: Harvard University Press, 1988), 140.

69. Bruno Latour, *Pandora's Hope: Essays on the Reality of Science Studies* (Cambridge, MA: Harvard University Press, 1999), 47. 또한 다음을 보라. Bruno Latour, *Science in Action: How to Follow Scientists and Engineers through Society* (Milton Keynes: Open University Press, 1986).

70. John Law, "After ANT: Complexity, Naming and Topology," in Law and Hasard eds., *ANT and after*, op. cit., 6.

71. Shapin, "Placing the View from Nowhere," op. cit., 7. ANT의 후기 버전들은 어딘가를 원활하게 식민화하는 네트워크라는 관념에 유보적인 태도를 취하고 더 다변화된 접근을 취하고 있다. 다음 사례들을 참고하라. Marianne de Laet and Anne-Marie Mol, "The Zimbabwean Bush Pump: Mechanics of a Fluid Technology," *Social Studies of Science*, 30 (2000), 225-263. 대부분의 ANT에 내재된 제국주의적 전제들에 관한 더 자세한 논의로는 다음을 참고하라. Anderson, "From Subjugated Knowledge to Conjugated Subjects," op. cit.

72. Bruno Latour, "Spheres and Networks: Two Ways to Reinterpret Globalization," *Harvard Design Magazine*, 30 (2009), 140, 142, 143. 또한 다음을 참고. Bruno Latour, "Networks, Societies, Spheres: Reflections of an Actor-Network Theorist," *International Journal of Communication*, 5 (2011), 796-810.

73. Kapil Raj, *Relocating Modern Science: Circulation and the Construction of Knowledge in South Asia and Europe, 1650-1900* (Basingstoke: Palgrave Macmillan, 2007), 23. 그럼에도 그는 이 책에서 바살라의 "신기원을 이루는 논문"을 인용한다(3쪽). 또한 다음을 참고. Kapil Raj, "Beyond Postcolonialism ⋯ and Postpositivism: Circulation and the Global History of Science," *Isis*, 104 (2013), 337-347; Kapil Raj, "Networks of Knowledge, or Spaces of Circulation? The Birth of British Cartography in Colonial South Asia in the Late Eighteenth Century," *Global Intellectual History*, 2 (2017), 49-66. 라지는 산제이 수브라마냠으로부터 영향을 받았다. 다음을 보라. Claude Markovits, Jacques Pouchepadass, and Sanjay Subrahmanyam eds., *Society and Circulation: Mobile People and Itinerant Cultures in South Asia, 1750-1950*

(Delhi: Permanent Black, 2003).
74. Raj, *Relocating Modern Science*, 22.
75. ibid., 18.
76. ibid., 11.
77. ibid., 228. 라지는 때때로 과학을 확산시키는 데에 장거리 상업망이 중요하다는 점을 강조한다. "순환" 개념과 관련된 추가적인 논의로는 다음을 참고. Lissa Roberts, "Situating Science in Global History: Local Exchanges and Networks of Circulation," *Itinerario*, 33 (2009), 9-30.
78. Fa-ti Fan, "The Global Turn in the History of Science," *East Asian Science, Technology and Society Journal*, 6 (2012), 252.
79. Tsing, "The Global Situation," op. cit., 463.
80. Warwick Anderson, "Waiting for Newton? From Hydraulic Societies to the Hydraulics of Globalization," in Ghassan Hage and Emma Kowal eds., *Force, Movement, Intensity: the Newtonian Imagination and the Humanities and Social Sciences* (Melbourne: Melbourne University Press, 2011), 128-135.
81. Warwick Anderson, *The Collectors of Lost Souls: Turning Kuru Scientists into Whitemen* (Baltimore: Johns Hopkins University Press, 2008).
82. Pekka Hämäläinen and Samuel Truett, "On Borderlands," *Journal of American History*, 98 (2011), 358. "문화적 가변성, 이동성, 그리고 상호 엮임"을 강조하는 변경사는 특정 국가의 주권을 중심으로 하는 서사들을 다시 아로새길 뿐인 프론티어의 역사(frontier history)와 구별되어야 한다(341쪽). 또한 다음을 참고하라. Warwick Anderson, "Edge Effects in Science and Medicine," *Western Humanities Review*, 69 (2015), 373-384. "개념 작동(concept work)"이라는 용어는 다음 저작을 참고했다. Ann Laura Stoler, *Duress: Imperial Durabilities in Our Times* (Durham NC: Duke University Press, 2016).
83. Engseng Ho, "Afterword: Mobile Law and Thick Transregionalism," *Law and History Review*, 32 (2014), 889. 물론 여기서 엥셍 호는 클리퍼드 기어츠의 "두터운 묘사(thick description)" 개념을 원용하고 있다. Clifford Geertz, "Thick Description: Toward an Interpretive Theory of Culture," in Clifford Geertz, *The Interpretation of Cultures* (New York: Basic Books, 1973), 3-30.

5. 트랜스지역주의를 두텁게 하기

1. John R. W. Smail, "On the Possibility of an Autonomous History of Southeast Asia," *Journal of Southeast Asian History*, 2.2 (1961), 72-102.
2. ibid., 88.
3. ibid., 101. 또한 다음을 보라. Laurie J. Sears, "The Contingency of Autonomous History," in Laurie J. Sears ed. *Autonomous Histories, Particular Truths: Essays in Honor of John R. W. Smail* (Madison: Center for Southeast Asian Studies, University of Wisconsin, 1993).

4. Timothy N. Harper, "'Asian Values' and Southeast Asian Histories," *Historical Journal*, 40.2 (1997), 511.
5. Yoshimi Takeuchi, "Asia as Method," in Richard F. Calichman ed. and trans., *What Is Modernity? Writings of Takeuchi Yoshimi* (New York: Columbia University Press, 2005 [1960]), 165. 또한 다음을 보라. Kuan-hsing Chen, *Asia as Method: Toward Deimperialization* (Durham, NC: Duke University Press, 2010); Warwick Anderson, "Asia as Method in Science and Technology Studies," *East Asian Science, Technology and Society*, 6.4 (2012), 445–451; Warwick Anderson, "Postcolonial Specters of STS," *East Asian Science, Technology and Society*, 11.2 (2017), 229–233.
6. Takeuchi, ibid., 165.
7. Togo Tsukahara, "Introduction: Japanese STS in Global, East Asian, and Local Contexts," *East Asian Science, Technology and Society*, 3.4 (2009), 507.
8. 또한 다음을 참고하라. Warwick Anderson, "Re-orienting STS: Emergent Studies of Science and Technology in Southeast Asia," *East Asian Science, Technology and Society*, 3.2–3 (2009), 163–171; Anderson, "Asia as Method in Science and Technology Studies," op. cit.
9. John Law and Wen-yuan Lin, "Tidescapes: Notes on a Shi (勢)-Inflected STS," 18 February 2016 (http://heterogeneities.net/publications/LawLin2016TidescapesShiInSTS.pdf); John Law and Wen-yuan Lin, "Provincializing STS: Postcoloniality, Symmetry, and Method," *East Asian Science, Technology and Society*, 11.2 (2017), 211–227.d
10. Anderson, "Postcolonial Specters of STS," op. cit.
11. 나는 동남아시아 지역에서 독특한 형태의 과학이 출현하고 있는지 여부를 평가하려는 것이 아니다. 그러나 과학에 관한 비판적 연구와 그 연구 대상이 되는 주제 사이에 어느 정도의 환유(metonymy) 관계가 성립될 수 있다고 생각한다. 본고는 비판적인 STS 연구에 두루 관심을 갖고 있지만, 이티 에이브러햄이 지적한 것처럼(2016년 9월 6일 저자와의 개인적인 대화), 동남아시아 과학, 기술, 의학에 관한 연구들은 빈번하게—아마도 예외적일 정도로 빈번하게—정책 평가나 현황 보고서의 형식을 띤다. 이러한 형식의 문헌들은 본고의 고려 대상이 아님을 밝혀둔다.
12. 지성사(intellectual history)라고 할 때 내가 염두에 두고 있는 연구 성과들은 구체적으로 다음과 같다. Rudolf Mrázek, *Sjahrir: Politics and Exile in Indonesia* (Ithaca, NY: Southeast Asia Program Publications, 1994); Rudolf Mrázek, *Certain Age: Colonial Jakarta through the Memories of Its Intellectuals* (Durham, NC: Duke University Press, 2017); Reynaldo Clemeña Ileto, *Pasyon and Revolution: Popular Movements in the Philippines, 1840–1910* (Quezon City, Philippines: Ateneo de Manila University Press, 1979); Vicente L. Rafael, "Nationalism, Imagery, and the Filipino Intelligentsia in the Nineteenth Century," in Vicente L. Rafael ed., *Discrepant Histories: Translocal Essays on Filipino Cultures* (Philadelphia: Temple University

Press, 1995), 133–158; Resil B. Mojares, *Brains of the Nation: Pedro Paterno, T. H. Pardo de Tavera, Isabelo de los Reyes, and the Production of Modern Knowledge* (Quezon City, Philippines: Ateneo de Manila University Press, 2006); Raquel A. G. Reyes, *Love, Passion, and Patriotism: Sexuality and the Philippine Propaganda Movement, 1882–1892* (Singapore: NUS Press, 2008); Laurie J. Sears, *Situated Testimonies: Dread and Enchantment in an Indonesian Literary Archive* (Honolulu: University of Hawaii Press, 2013).

13. Paul A. Kramer, "Region in Global History," in Douglas T. Northrop ed., *Companion to World History* (Oxford: Blackwell, 2012), 201.
14. 또한 다음을 참고. Donald K. Emmerson, "'Southeast Asia': What's in a Name?" *Journal of Southeast Asian Studies*, 15.1 (1984), 1–21.
15. Mary Margaret Steedly, "The State of Culture Theory in the Anthropology of Southeast Asia," *Annual Review of Anthropology*, 28 (1999), 434.
16. ibid., 440.
17. Wang Hui (trans. Matthew A. Hale), "The Politics of Imagining Asia," in Theodore Huters ed., *The Politics of Imagining Asia* (Cambridge, MA: Harvard University Press, 2011), 58.
18. Sanjay Subrahmanyam, "Connected Histories: Notes towards a Reconfiguration of Early Modern Eurasia," *Modern Asian Studies*, 31.3 (1997), 742.
19. ibid., 761. 냉전적 지역학과 최근에 부상한 탈식민주의적이고 비판적인 지역학을 비교하는 논의로는 다음을 참고. Anderson, "Asia as Method in Science and Technology Studies," op. cit.
20. Subrahmanyam, ibid., 762.
21. Prasenjit Duara, "Asia Redux: Conceptualizing a Region for Our Times," *Journal of Asian Studies*, 69.4 (2010), 981. 또한 다음을 보라. Gayatri Chakravorty Spivak, *Other Asias* (Oxford: Blackwell, 2008).
22. Engseng Ho, "Inter-Asian Concepts for Mobile Societies," *Journal of Asian Studies*, 76.4 (2017), 512.
23. ibid., 507. 아마도 엥셍 호는 또한 클리퍼드 기어츠가 인도네시아를 연구하는 과정에서 도출해낸 두터운 묘사라는 개념을 참고했을 것이다. Clifford Geertz, *The Interpretation of Cultures: Selected Essays* (New York: Basic, 1973).
24. Warwick Anderson, "Science in the Philippines," *Philippine Studies*, 55.3 (2007), 287–318. 전형적인 사례로는 다음을 볼 것. Angel S. Arguelles, "Science in Philippine Progress," *Philippine Forum*, 1 (1935), 32–37; Leopoldo B. Uichanco, "The Philippines in the World of Science," in Zoilo M. Galang ed., *Encyclopedia of the Philippines: The Library of Philippine Literature, Art and Science*, vol. 7 (Manila: P. Vera and Sons, Uichanco 1936), 178–193.
25. 예를 들어 다음을 참고. José P. Bantug, *A Short History of Medicine in the Philippines under the Spanish Régime, 1565–1898* (Manila: Colegio

Médico-Farmacéutico, 1953); José P. Bantug, "Rizal and the Progress of the Natural Sciences," *Philippine Studies*, 9.1 (1961), 3–16; Juan Salcedo Jr., "Contributions of Filipino Scientists to the Basic Medical Sciences," *Philippine Studies*, 5.4 (1957), 388–398. 또한 다음을 보라. Joseph B. Van Hise, "American Contributions to Philippine Science and Technology, 1898–1916," PhD diss., University of Wisconsin, 1957; John N. Schumacher, "One Hundred Years of Jesuit Scientists: The Manila Observatory, 1865–1965," *Philippine Studies*, 13.2 (1965), 258–286; UNESCO, *National Science Policy and Organization of Research in the Philippines* (Paris: UNESCO, 1970); Gode B. Calleja, *Science in the Boondocks and Other Essays on Science and Society* (Quezon City, Philippines: Kalikasan Press, 1987).
26. Mikulás Teich and Robert M. Young eds., *Changing Perspectives in the History of Science: Essays in Honour of Joseph Needham* (London: Heinemann, 1973).
27. Gyan Prakash, *Another Reason: Science and the Imagination of Modern India* (Princeton, NJ: Princeton University Press, 1999).
28. Norman G. Owen ed., *Death and Disease in Southeast Asia: Explorations in Social, Medical, and Demographic History* (Singapore: Oxford University Press, 1987); Ken De Bevoise, *Agents of Apocalypse: Epidemic Disease in the Colonial Philippines* (Princeton, NJ: Princeton University Press, 1995). 이 주제에 대한 최근의 좋은 연구 성과로는 다음을 참고. Robert Peckham, *Epidemics in Modern Asia* (Cambridge: Cambridge University Press, 2016).
29. William H. McNeill, *Plagues and Peoples* (New York: Anchor, 1976); Alfred W. Crosby Jr., *Ecological Imperialism: The Biological Expansion of Europe, 900–1900* (Cambridge: Cambridge University Press, 1986).
30. Warwick Anderson, "Where Is the Postcolonial History of Medicine?" *Bulletin of the History of Medicine*, 72.3 (1998), 522–530.
31. Lenore Manderson, *Sickness and the State: Health and Illness in Colonial Malaya, 1870–1940* (Cambridge: Cambridge University Press, 1996).
32. Laurence Monnais-Rousselot, *Médecine et colonisation: L'aventure Indochinoise 1860–1939* (Paris: CNRS Editions, 1999).
33. 또한 다음을 참고. Annick Guénel, "The Creation of the First Overseas Pasteur Institute, or the Beginning of Albert Calmette's Pastorian Career," *Medical History*, 43.1 (1999), 1–25. 더 근래에 모네와 투시낭은 제약 산업에 대한 베트남의 민족주의적 집착이 프랑스 식민주의 의학과 연관이 있음을 밝혀냈다. Laurence Monnais and Noémi Tousignant, "The Colonial Life of Pharmaceuticals: Accessibility to Healthcare, Consumption of Medicines, and Medical Pluralism in French Vietnam, 1905–1945," *Journal of Vietnamese Studies*, 1.1–2 (2006), 131–166. 또한 다음을 보라. C. Michele Thompson, "Medicine, Nationalism, and Revolution in Vietnam: The Roots of a Medical Collaboration to 1943," *East Asian Science*, Technology and Medicine, 21 (2003), 114–148; Ayo Wahlberg, "Bio-politics and the

Promotion of Traditional Herbal Medicine in Vietnam," *Health*, 10.2 (2006), 123-147; Laurence Monnais, C. Michele Thompson, and Ayo Wahlberg eds., *Southern Medicine for Southern People: Vietnamese Medicine in the Making* (Newcastle-upon-Tyne, UK: Cambridge Scholars, 2011).

34. Warwick Anderson, "Excremental Colonialism: Public Health and the Poetics of Pollution," *Critical Inquiry*, 21.3 (1995), 640-669; Warwick Anderson, "Immunities of Empire: Race, Disease and the New Tropical Medicine," *Bulletin of the History of Medicine*, 70.1 (1996), 94-118; Warwick Anderson, "Leprosy and Citizenship," *Positions*, 6.3 (1998), 707-730. 나는 다음 저작들로부터 깊은 영향을 받았다. Reynaldo Clemeña Ileto, "Cholera and the Origins of the American Sanitary Order in the Philippines," in David Arnold ed., *Imperial Medicine and Indigenous Societies* (Manchester: Manchester University Press, 1998), 125-148; Ann Laura Stoler, *Race and the Education of Desire: Foucault's History of Sexuality and the Colonial Order of Things* (Durham, NC: Duke University Press, 1995); Ann Laura Stoler, *Carnal Knowledge and Imperial Power: Race and the Intimate in Colonial Rule* (Berkeley: University of California Press, 2010).

35. Warwick Anderson, *Colonial Pathologies: American Tropical Medicine, Race, and Hygiene in the Philippines* (Durham, NC: Duke University Press, 2006); 또한 다음을 보라. Catherine Ceniza Choy, *Empire of Care: Nursing and Migration in Filipino American History* (Durham, NC: Duke University Press, 2003); Bonnie McElhinny, "Producing the A-1 Baby: Puericulture Centers and the Birth of the Clinic in the U.S.-Occupied Philippines, 1906-1946," *Philippine Studies*, 57.2 (2009), 219-260; Francis Gealogo, "The Philippines in the World of the Influenza Pandemic, 1918-19," *Philippine Studies*, 57.2 (2009) 261-292.

36. Sokhieng Au, *Mixed Medicines: Health and Culture in French Colonial Cambodia* (Chicago: University of Chicago Press, 2012).

37. ibid., 7. 유사한 접근법이 다음 저작들에서도 분명하게 드러난다. Hans Pols, "European Physicians and Botanists, Indigenous Herbal Medicine in the Dutch East Indies, and Colonial Networks of Mediation," *East Asian Science, Technology and Society*, 3.2-3 (2009), 173-208; Hans Pols, "Jamu: The Indigenous Medical Arts of the Indonesian Archipelago," in Arun Bala and Prasenjit Duara eds., *The Bright Dark Ages: Comparative and Connective Perspectives* (Leiden: Brill, 2016), 161-185; C. Michele Thompson, *Vietnamese Traditional Medicine: A Social History* (Singapore: NUS Press, 2015).

38. 예를 들어, 다음을 보라. Anderson, "Leprosy and Citizenship," op. cit.; Michitake Aso, "Patriotic Hygiene: Tracing New Places of Knowledge Production about Malaria in Vietnam, 1919-75," *Journal of Southeast Asian Studies*, 44.3 (2013), 423-443.

243

39. Ee Heok Kua, "Amok in Nineteenth-Century British Malaya History," *History of Psychiatry*, 2.8 (1991), 429–436; Robert L. Winzeler, *Latah in South-East Asia: The History and Ethnography of a Culture-Bound Syndrome* (Cambridge: Cambridge University Press, 1995); Warwick Anderson, "The Trespass Speaks: White Masculinity and Colonial Breakdown," *American Historical Review*, 102.5 (1997), 1343–1370; Hans Pols, "The Development of Psychiatry in Indonesia: From Colonial to Modern Times," *International Review of Psychiatry*, 18.4 (2006), 363–370; Hans Pols, "The Nature of the Native Mind: Contested Views of Dutch Colonial Psychiatrists in the Former Dutch East Indies," in Sloan Mahone and Megan Vaughan eds., *Psychiatry and Empire* (Houndmills, UK: Palgrave Macmillan, 2007), 172–196; Laurence Monnais, "Colonised and Neurasthenic: From the Appropriation of a Word to the Reality of a Malaise de Civilisation in Urban French Vietnam," *Health and History*, 14.1 (2012), 121–142.

40. Warwick Anderson and Hans Pols, "Scientific Patriotism: Medical Science and National Self- Fashioning in Southeast Asia," *Comparative Studies in Society and History*, 54.1 (2012), 93–113. 또한 다음을 보라. M. Ming-cheng Lo, *Doctors within Borders: Profession, Ethnicity, and Modernity in Colonial Taiwan* (Berkeley: University of California Press, 2002).

41. Hans Pols, *Nurturing Indonesia: Medicine and Decolonisation in the Dutch East Indies* (Cambridge: Cambridge University Press, 2018). 닐라칸탄은 독립 이후의 인도네시아 의학의 민족주의적이고 국제주의적인 흐름을 상세히 연구한 바 있다. Vivek Neelakantan, *Science, Public Health and Nation-Building in Soekarno-Era Indonesia* (Newcastle-upon-Tyne, UK: Cambridge Scholars, 2017). 또한 다음을 보라. Peter Boomgaard, "Dutch Medicine in Asia, 1600–1900," in David Arnold ed., *Warm Climates and Western Medicine: The Emergence of Tropical Medicine* (Amsterdam: Rodopi, 1998), 42–64; Peter Boomgaard, *Empire and Science in the Making: Dutch Colonial Scholarship in Comparative Global Perspective* (Houndsmills, UK: Palgrave Macmillan, 2013); Liesbeth Hesselink, *Healers on the Colonial Market: Native Doctors and Midwives in the Dutch East Indies* (Leiden: KITLV, 2011).

42. 그러나 다음과 같은 예외도 있다. Lenore Manderson, "Wireless Wars in the Eastern Arena: Epidemiological Surveillance, Disease Prevention and the Work of the Eastern Bureau of the League of Nations Health Organization, 1925–1942," in Paul Weindling ed., *International Health Organisations and Movements, 1918–1939* (Cambridge: Cambridge University Press, 1995), 109–133; Sunil Amrith, *Decolonizing International Health: India and Southeast Asia, 1930–1965* (Houndmills, UK: Palgrave Macmillan, 2006); Claire Eddington and Hans Pols, "Building Psychiatric Expertise across Southeast Asia: Study Trips, Site Visits, and Therapeutic Labor in French Indochina and the Dutch East Indies, 1898–1937," *Comparative Studies in*

Society and History, 58.3 (2016), 636-663. 다음과 같은 최근의 몇몇 편집서들은 귀중한 성과지만 여전히 명시적으로 비교 연구를 수행한 것은 아니었다. Milton J. Lewis and Kerrie L. McPherson eds., *Public Health in Asia and the Pacific: Historical and Comparative Perspectives* (London: Routledge, 2008); Tim Harper and Sunil Amrith eds., *Histories of Health in Southeast Asia: Perspectives on the Long Twentieth Century* (Bloomington: University of Indiana Press, 2014); Hans Pols, C. Michele Thompson, and John Harley Warner eds., *Translating the Body: Medical Education in Southeast Asia* (Singapore: NUS Press, 2017).

43. Andrew Goss, "Decent Colonialism? Pure Science and Colonial Ideology in the Netherlands East Indies, 1910-1929," *Journal of Southeast Asian Studies*, 40.1 (2009), 187-214; Andrew Goss, *The Floracrats: State-Sponsored Science and the Failure of the Enlightenment in Indonesia* (Madison: University of Wisconsin Press, 2011).

44. Suzanne Moon, "Takeoff or Self-Sufficiency? Ideologies of Development in Indonesia, 1957-1961," *Technology and Culture*, 39.2 (1998), 187-212; Suzanne Moon, *Technology and Ethical Idealism: A History of Development in the Netherlands East Indies* (Leiden: CNWS Publications, 2007).

45. Sulfikar Amir, *The Technological State in Indonesia: The Co-constitution of High Technology and Authoritarian Politics* (New York: Routledge, 2012); Sulfikar Amir, "Reconstructing the Archipelago," *East Asian Science, Technology and Society*, 11.1 (2017), 1-7.

46. Amir, *The Technological State in Indonesia*, ibid., 160.

47. 또한 다음을 볼 것. Suzanne Moon, "Justice, Geography, and Steel: Technology and National Identity in Indonesian Industrialization," *Osiris*, 24 (2009), 253-277; Joshua Barker, "Engineers and Political Dreams: Indonesia in the Satellite Age," *Current Anthropology*, 46.5 (2005), 703-727; Joshua Barker, "Guerilla Engineers: The Internet and the Politics of Freedom in Indonesia," in Sheila Jasanoff and Sang-hyun Kim eds., *Dreamscapes of Modernity: Sociotechnical Imaginaries and the Fabrication of Power* (Chicago: University of Chicago Press, 2005), 152-173; Abidin Kusno, *Behind the Postcolonial: Architecture, Urban Space, and Political Cultures in Indonesia* (London: Routledge, 2000).

48. Chris J. Shepherd, *Development and Environmental Politics Unmasked: Authority, Participation, and Equity in East Timor* (New York: Routledge, 2013).

49. Frédéric Thomas, *Histoire du régime et des services forestiers français en Indochine de 1862 de 1945* (Hanoi: The Gioi, 1999); Frédéric Thomas, "Protection des Forêts et Environmentalisme Colonial: Indochine, 1860-1945," *Revue d'histoire moderne et contemporaine*, 56.4 (2009), 104-136.

50. Richard Grove, *Green Imperialism: Colonial Expansion, Tropical Island Edens*

and the Origin of Environmentalism (Cambridge: Cambridge University Press, 1995).
51. David Biggs, "Problematic Progress: Reading Environmental and Social Change in the Mekong Delta," *Journal of Southeast Asian Studies*, 34.1 (2003), 77–96; David Biggs, "Breaking from the Colonial Mold: Water Engineering and the Failure of Nation- Building on the Plain of Reeds, Vietnam," *Technology and Culture*, 49.3 (2008), 599–623.
52. Michitake Aso, "The Scientist, the Governor, and the Planter: The Political Economy of Agricultural Knowledge in Indochina during the Creation of a 'Science of Rubber,' 1900–1940," *East Asian Science, Technology and Society*, 3.2–3 (2009), 231–256; Michitake Aso, "How Nature Works: Business, Ecology, and Rubber Plantations in Colonial Southeast Asia, 1919–1939," in Frank Uekötter ed., *Comparing Apples, Oranges, and Cotton: Environmental Histories of the Global Plantation* (New York: Campus Verlag, 2014), 195–220.
53. Aso, "The Scientist, the Governor, and the Planter," ibid., 233.
54. Filomeno V. Aguilar Jr., Michael D. Pante, and Angelli F. Tugado, "Disasters in History and the History of Disasters: Some Key Issues," *Philippine Studies*, 64.3–4 (2016), 651; Greg Bankoff, *Cultures of Disaster: Society and Natural Hazard in the Philippines* (London: Routledge Curzon, 2003); Kerby Alvarez, "Instrumentation and Institutionalization: Colonial Science and the Observatorio Meteorológico de Manila, 1805–1899," *Philippine Studies*, 64.3–4 (2016), 385–416; Francis Gealogo, "Historical Seismology and the Documentation of Disaster Conditions: The 1863 and 1880 Luzon Earthquakes," *Philippine Studies*, 64.3–4 (2016), 259–284.
55. Lewis Pyenson, *Empire of Reason: Exact Sciences in Indonesia, 1840–1940* (Leiden: Brill, 1989). 프랑스령 인도차이나를 대상으로 유사한 주장을 한 사례로는 다음을 참고. Lewis Pyenson, *Civilizing Mission: Exact Sciences and French Overseas Expansion, 1830–1940* (Baltimore, MD: Johns Hopkins University Press, 1993).
56. Paolo Palladino and Michael Worboys, "Science and Imperialism," *Isis*, 84.1 (1993), 98.
57. ibid., 99.
58. Lewis Pyenson, "Cultural Imperialism and the Exact Sciences Revisited," *Isis*, 84.1 (1993), 106.
59. Rudolf Mrázek, *Engineers of Happy Land: Technology and Nationalism in a Colony* (Princeton, NJ: Princeton University Press, 2002).
60. ibid., xvi.
61. ibid., xvi.
62. Frederic Jameson, *The Political Unconscious: Narrative as Socially Symbolic Act* (London: Methuen, 1981), 9.

63. Hayden White, "Afterword: Manifesto Time." in Keith Jenkins, Sue Morgan, and Alan Munslow eds., *Manifestos for History* (London: Routledge, 2007), 225.
64. 여기서는 바이오폴리스에 초점을 맞추고 있지만, 최근 STS 분야에서 동남아시아에서의 인플루엔자 및 SARS 감염병에 관한 좋은 인류학적 연구들도 많이 있다. 예를 들어, 다음을 보라. Celia Lowe, "Viral Clouds: Becoming H5N1 in Indonesia," *Cultural Anthropology*, 25.4 (2010), 625–649; Natalie Porter, "Bird Flu Biopower: Strategies for Multispecies Coexistence in Vietnam," *American Ethnologist*, 40.1 (2013), 132–148. 동남아시아 지역의 생물다양성 보존과 환경 과학에 관한 다수의 연구들 또한 STS에 기여하고 있다. Anna Lowenhaupt Tsing and Paul Greenough, *Nature in the Global South: Environmental Projects in South and Southeast Asia* (Durham, NC: Duke University Press, 2003); Anna Lowenhaupt Tsing, *Friction: An Ethnography of Global Connection* (Princeton, NJ: Princeton University Press, 2005); Celia Lowe, *Wild Profusion: Biodiversity Conservation in an Indonesian Archipelago* (Princeton, NJ: Princeton University Press, 2006). 여기에 더해, 동남아시아의 IT 기술에 관한 비판적인—그러나 여전히 역사적으로 깊이 들어가지는 않고 시기적으로 당대에만 집중하는—연구들이 속속 발표되고 있다. 예를 들어, 다음을 보라. Vicente L. Rafael, "The Cell Phone and the Crowd: Messianic Politics in the Contemporary Philippines," UCLA: Center for Southeast Asian Studies, 9 September 2003 (https://escholarship.org/uc/item/5t1376v0); Merlyna Lim, *Islamic Radicalism and Anti-Americanism in Indonesia: The Role of the Internet* (Washington, DC: East-West Center, 2005); Barker, "Guerilla Engineers," op. cit.; Lilly U. Nguyen, "Infrastructural Action in Vietnam: Inverting the Technopolitics of Hacking in the Global South," *New Media and Society*, 18.4 (2016), 637–652. 어떠한 리뷰 논문도 이러한 연구들을 모두 종합적으로 소개하기는 쉽지 않을 것이다.
65. Catherine Waldby, "Singapore Biopolis: Bare Life in the City-State," *East Asian Science, Technology and Society*, 3.2–3 (2009), 379. 또한 다음을 참조. Catherine Waldby, "Biobanking in Singapore: Post-development State, Experimental Population," *New Genetics and Society*, 28.3 (2009), 253–265; Gregor Clancey, "From Intelligent Island to Biopolis: Smart Minds, Sick Bodies, and Millennial Turns in Singapore," *Science, Technology and Society*, 17.1 (2012), 13–25; Michael M. J. Fischer, "Biopolis: Asian Science in the Global Circuitry," *Science, Technology and Society*, 18.3 (2013), 379–404. 바이오폴리스와 전 지구적 보건(global health)에 관한 나의 글로는 다음이 있다. Warwick Anderson, "Making Global Health History: The Postcolonial Worldliness of Biomedicine," *Social History of Medicine*, 27.2 (2014), 372–384.
66. Waldby, "Singapore Biopolis," ibid., 381.
67. Aihwa Ong, "A Milieu of Mutations: The Pluripotency and Fungibility of Life

in Asia," *East Asian Science, Technology and Society*, 7.1 (2013), 73.
68. ibid., 74.
69. ibid., 70.
70. 이러한 부분들에 대한 보다 상세한 논의로는 다음을 참고. Aihwa Ong, *Fungible Life: Experiment in the Asian City of Life* (Durham, NC: Duke University Press, 2016).
71. Aihwa Ong, "An Analytics of Biotechnology and Ethics at Multiple Scales," in Aihwa Ong and Nancy N. Chen eds., *Asian Biotech: Ethics and Communities of Fate* (Durham, NC: Duke University Press, 2010), 1-51.
72. 다음 특집호에 수록된 논문들을 보라. Warwick Anderson and Ricardo Roque eds., "Imagined Laboratories: Colonial and National Racializations in Island Southeast Asia," *Special issue of Journal of Southeast Asian Studies*, 49.3 (2018), 358-371.
73. Ong, "An Analytics of Biotechnology and Ethics at Multiple Scales," op. cit., 7.
74. Robert J. C. Young, "Postcolonial Remains," *New Literary History*, 43 (2012), 21.
75. 이러한 표현은 다음 문헌을 참고. Sears, "The Contingency of Autonomous History," op. cit.
76. Meaghan Morris, "Metamorphoses at Sydney Tower," *New Formations*, 11 (1990), 10.
77. Pheng Cheah, "Universal Areas: Asian Studies in a World in Motion," in Naoki Sakai and Yukiko Hanawa eds., *Traces I* (Hong Kong: University of Hong Kong Press, 2001), 53. 또한 다음을 보라. Pheng Cheah, "Grounds of Comparison," *Diacritics*, 29.4 (1999), 3-18.
78. Cheah, "Universal Areas," ibid., 54.
79. Ariel Heryanto, "Benedict Anderson: A Great Inspiration," *Philippine Studies*, 64.1 (2016), 161. 또한 다음을 참고. Ariel Heryanto, "Can There Be Southeast Asians in Southeast Asian Studies?" in Laurie J. Sears ed., *Knowing Southeast Asian Subjects* (Seattle: University of Washington Press, 2007 [2002]), 75-108.
80. Michael Dutton, "Lead Us Not into Translation: Notes toward a Theoretical Foundation for Asian Studies," *Nepantia*, 3.3 (2002), 495.
81. Kuan-hsing Chen, *Asia as Method: Toward Deimperialization* (Durham, NC: Duke University Press, 2010), xv.
82. ibid., 3. 천광싱은 역사의 비식민화에 관한 차크라바르티의 주장에 동의한다. Dipesh Chakrabarty, *Provincializing Europe: Postcolonial Thought and Historical Difference* (Princeton, NJ: Princeton University Press, 2000).
83. Chen, ibid., 225.
84. ibid., 223.
85. 다음을 참고. Anderson, "Asia as Method in Science and Technology Studies," op. cit.
86. Itty Abraham, "The Contradictory Spaces of Postcolonial Technoscience,"

Economic and Political Weekly (21 January 2006), 210–217.
87. Fa-ti Fan, "Modernity, Region, and Technoscience: One Small Cheer for Asia as Method," *Cultural Sociology*, 10.3 (2016), 363.
88. Takeuchi, "Asia as Method," op. cit., 165.

6. 동아시아 특색의 STS?

1. Bruno Latour, "Give Me a Laboratory and I Will Raise the World," in Karin D. Knorr-Cetina and Michael Mulkay eds., *Science Observed: Perspectives on the Social Study of Science* (Beverly Hills, CA: Sage, 1983), 141–170; Bruno Latour, "Visualization and Cognition: Thinking with Eyes and Hands," in Henrika Kuklick and Elizabeth Long eds., *Knowledge and Society: Studies in the Sociology of Culture Past and Present*, vol. 6 (Greenwich, CT: JAI Press, 1986), 1–40; Susan Leigh Star and James Griesemer, "Institutional Ecology, 'Translations' and Boundary Objects: Amateurs and Professionals in Berkeley's Museum of Vertebrate Zoology, 1907–1939," *Social Studies of Science*, 19 (1989), 387–420.
2. Sean Hsiang-lin Lei, *Neither Donkey nor Horse: Medicine in the Struggle over China's Modernity* (Chicago: University of Chicago Press, 2014).
3. Togo Tsukahara, "Legacies and Networking: Japanese STS in Transformation," *East Asian Science, Technology and Society*, 13 (2019), 143–149.
4. Adele E. Clarke and Susan Leigh Star, "Social Worlds/Arenas as a Theory-Methods Package," in Ed Hackett, Olga Amsterdamska, Michael Lynch, and Judy Wacjman eds., *Handbook of Science and Technology Studies*, 3rd ed. (Cambridge, MA: MIT Press, 2008), 113–137; Daiwie Fu, "How Far Can East Asian STS Go? A Position Paper," *East Asian Science, Technology and Society*, 1 (2007), 1–14.
5. Warwick Anderson, "How Far Can East Asian STS Go? A Commentary," *East Asian Science, Technology and Society*, 1 (2007), 249–250; Warwick Anderson, "Asia as Method in Science and Technology Studies," *East Asian Science, Technology and Society*, 6 (2012), 445–451; Warwick Anderson, "Postcolonial Specters of STS," *East Asian Science, Technology and Society*, 11 (2017), 229–233.
6. Bruno Latour (trans. Catherine Porter), *We Have Never Been Modern* (Cambridge, MA: Harvard University Press, 1993).
7. Warwick Anderson, *Colonial Pathologies: American Tropical Medicine, Race, and Hygiene in the Philippines* (Durham, NC: Duke University Press, 2006).
8. Angela Ki-che Leung, *Leprosy in China: A History* (New York: Columbia University Press, 2009); Angela Ki-che Leung ed. *Health and Hygiene in Chinese East Asia: Policies and Publics in the Long Twentieth Century*

(Durham, NC: Duke University Press, 2010).
9. Fu, "How Far Can East Asian STS Go?" op. cit., 13.
10. Francesca Bray, "From Needham to EASTS, or Why History Matters," *East Asian Science, Technology and Society*, 13 (2019), 317.
11. Gayatri Chakravorty Spivak, "Subaltern Studies: Deconstructing Historiography," in Ranajit Guha and Gayatri Chakravorty Spivak eds., *Selected Subaltern Studies* (Oxford: Oxford University Press, 1988), 3-34.
12. Warwick Anderson, "Remembering the Spread of Western Science," *Historical Records of Australian Science*, 29 (2018), 73-81; Itty Abraham, "The Contradictory Spaces of Postcolonial Technoscience," *Economic and Political Weekly*, 41 (2006), 210-217.
13. Fu, "How Far Can East Asian STS Go?" op. cit., 14.
14. Warwick Anderson, "Re-orienting STS: Emergent Studies of Science and Technology in Southeast Asia," *East Asian Science, Technology and Society*, 3 (2009), 163-171.
15. Warwick Anderson, "Thickening Transregionalism: Historical Formations of Science, Technology, and Medicine in Southeast Asia," *East Asian Science, Technology and Society*, 12 (2018), 503-518.
16. Anderson, "Postcolonial Specters of STS," op. cit., 233.
17. 워릭 앤더슨이 켄 위소커에게 보낸 서한, 2010년 2월 초.
18. 전에는 『포지션스: 동아시아 문화 비평 *positions: east asia cultures critique*』라고 불렸다. 이후 나는 2007년에 린천융이 듀크 대학교 출판부에 『EASTS』 출판에 관심이 있는지 문의했지만 그때는 듀크 출판부가 근래에 계약한 다른 간행물 사업들로 일이 많아 제안을 거절했다는 이야기를 들었다.
19. 에릭 스타이브가 워릭 앤더슨에게 보낸 서한, 2010년 2월 20일.
20. 푸다웨이가 스타이브에게 보낸 서한에 첨부된 피셔의 글. 워릭 앤더슨에게도 참조로 송부됨. 2010년 2월 25일.
21. Isabel Fletcher and Adele E. Clarke, "Imagining Alternative and Better Worlds: Isabel Fletcher Talks with Adele E. Clarke," *Engaging Science, Technology and Society*, 4 (2018), 233.

역자 해제

1. 본문에서도 언급되는 라틴아메리카의 사상가 월터 미뇰로는 따라서 이러한 세계의 속성을 "근대성/식민성(Modernity/coloniality)"라고 표현했다. 국역된 미뇰로의 대표작으로는 다음을 볼 것. 월터 D. 미뇰로 저, 김영주·배윤기·하상복 역, 『서구 근대성의 어두운 이면: 전 지구적 미래들과 탈식민적 선택들』, 현암사, 2018.
2. Nakayama Shigeru, "History of East Asian Science: Needs and Opportunities," *Osiris*, 10 (1995), 82. 한국어 번역은 다음 문헌을 참고했다. 김영식 저, 임종태 편, 『동아시아 과학의 차이: 서양 과학, 동양 과학, 그리고 한국 과학』,

사이언스북스, 2013, 31.
3. 영미권 연구자들 가운데 이 두 가지 상이한 지향을 각각 비식민주의 과학기술학(decolonial STS)과 탈식민주의 과학기술학(postcolonial STS)으로 구분하기를 선호하는 사람들도 있다. 이 둘을 나눌 경우, 앤더슨은 확실히 후자에 경도되는 성향의 연구자임에는 틀림없다. 반면, 전자의 사례로는 전략적 본질주의 개념을 제출할 때의 스피박의 입장, 종속이론 및 세계체제론에 토대를 둔 세계인식 하에서 과학기술을 수행하는 (주로 라틴아메리카 출신의) 연구자들, 그리고 원주민 연구 Indigenous studies와 과학기술학을 결합하는 학자들을 꼽을 수 있을 것이다.
4. Michael D. Gordin, *Scientific Babel: The Language of Science from the Fall of Latin to the Rise of English* (Chicago: University of Chicago Press, 2015); Alex Csiszar, *The Scientific Journal: Authorship and the Politics of Knowledge in the Nineteenth Century* (Chicago: University of Chicago Press, 2018).
5. 과학기술(학)과 시간성의 문제에 대한 더 폭넓은 논의로는 다음을 참고. 전치형·홍성욱, 『미래는 오지 않는다』, 문학과지성사, 2019.
6. Reinhart Koselleck, *Futures Past: On the Semantics of Historical Time* (New York: Columbia University Press, 2004 [1979]).
7. Warwick Anderson, Miranda Johnson, and Barbara Brookes eds., *Pacific Futures: Past and Present* (Honolulu : University of Hawaii Press, 2018). 특히 제12장을 참고할 것.
8. 테크노스케이프 개념에 대해서는 다음을 참고. 최형섭, "저항과 순응의 테크노스케이프," in 임태훈·이영준·최형섭·오영진·전치형, 『한국 테크노컬처 연대기: 배반당한 과학기술 입국의 해부도』, 알마, 2017.

서양과학은 없다
탈식민주의 과학기술학의 도전

초판 1쇄 2025년 11월 3일

글. 워릭 앤더슨
편역. 이종식
펴낸이. 주일우
편집. 장준오
디자인. 워크룸 프레스
펴낸곳. 이음

출판등록. 제2005-000137호 (2005년 6월 27일)
주소. 서울시 마포구 토정로 222
한국출판콘텐츠센터 210호 (04091)
전화. 02-3141-6126
팩스. 02-6455-4207
전자우편. editor@eumbooks.com
홈페이지. www.eumbooks.com
인스타그램. @eum_books

ISBN 979-11-94172-17-8 (03400)
값 20,000원

이 책은 저작권법에 의해 보호되는 저작물이므로
무단 전재와 무단 복제를 금합니다.
이 책의 전부 또는 일부를 이용하려면 반드시
저자와 이음의 동의를 받아야 합니다.
잘못된 책은 구매처에서 교환해 드립니다.